浙江省普通高校"十三五"新形态教材

数学实验

王洁　编

机械工业出版社

本书结合线性代数、微积分、概率论与数理统计、常微分方程、最优化方法、插值与拟合等知识,利用 MATLAB 软件做数学实验,从而帮助学生掌握 MATLAB 软件操作方法,深入了解数学理论和方法,激发学生学习数学的兴趣,培养学生应用数学知识和 MATLAB 软件解决实际问题的意识和能力.

全书共分 14 章:第 1 章~第 5 章是软件篇,介绍 MATLAB 基本操作、数值运算、符号运算、图形功能和程序设计;第 6 章~第 11 章是应用篇,利用 MATLAB 软件做线性代数、微积分、概率论与数理统计、常微分方程、最优化方法、插值与拟合等实验,解决相应的数学问题;第 12 章~第 14 章是提高篇,介绍 Hill 密码、图论、迭代与分形中的综合应用问题.

本书可作为高等学校数学实验与数学建模课程的教材,也可作为全国大学生数学建模竞赛的辅导教材,还可作为"高等数学""线性代数""常微分方程"等课程的配套教材. 另外,对于一般工程技术人员、经济管理人员和 MATLAB、Octave 软件的爱好者,本书也是一本很好的参考书.

图书在版编目(CIP)数据

数学实验/王洁编. —北京:机械工业出版社,2022.11(2024.8 重印)
浙江省普通高校"十三五"新形态教材
ISBN 978-7-111-71521-4

Ⅰ.①数… Ⅱ.①王… Ⅲ.①高等数学-实验-高等学校-教材
Ⅳ.①O13-33

中国版本图书馆 CIP 数据核字(2022)第 161172 号

机械工业出版社(北京市百万庄大街 22 号 邮政编码 100037)
策划编辑:韩效杰   责任编辑:韩效杰 李 乐
责任校对:张晓蓉 王明欣   封面设计:王 旭
责任印制:单爱军
北京虎彩文化传播有限公司印刷
2024 年 8 月第 1 版第 3 次印刷
184mm×260mm・14.5 印张・347 千字
标准书号:ISBN 978-7-111-71521-4
定价:49.80 元

电话服务   网络服务
客服电话:010-88361066   机 工 官 网:www.cmpbook.com
        010-88379833   机 工 官 博:weibo.com/cmp1952
        010-68326294   金 书 网:www.golden-book.com
封底无防伪标均为盗版   机工教育服务网:www.cmpedu.com

前　　言

党的二十大报告指出"教育、科技、人才是全面建设社会主义现代化国家的基础性、战略性支撑"，还指出"全面提高人才自主培养质量，着力造就拔尖创新人才，聚天下英才而用之".

数学在各学科和社会生活中具有广泛的应用. 数学实验将数学知识、数学建模与数学软件融为一体，强化学生对数学理论的理解和应用，培养学生的创新能力. 数学实验课程是加强应用能力、创新能力培养必不可少的一门重要课程，在应用型人才培养中具有重要作用. 本书由绪论、软件篇、应用篇、提高篇及附录组成，教学内容上适度降低理论难度，淡化运算技巧，重视数学思想与方法，重视结合实际问题.

绪论介绍了什么是"数学实验"；软件篇介绍了软件 MATLAB 的四大功能，即数值运算功能、符号运算功能、图形功能和程序设计功能，这部分阐释**基础性实验**；应用篇中利用 MATLAB 的四大功能解决各种数学问题，对学过的线性代数、微积分等知识进行"承上"，对之后要学的常微分方程、线性规划等知识进行"启下"，这部分阐释**验证性实验**和**应用性实验**；提高篇介绍了新兴学科和前沿学科，是对前面知识的综合运用. 本书的编写配合启发式、讨论式和案例式教学方法，符合学好基础性实验，减少验证性实验，增加应用性实验的要求. 教学中可根据学生的实际情况选讲提高篇里的部分实验，或者让有能力的学生自学提高篇. 附录包括数学建模初步和 Octave 入门两部分，对数学建模和 Octave 软件做了简单介绍.

本书在内容的编排上遵循学习规律，注重循序渐进、由浅入深地引导学生学习，而且注重培养学生的数学建模能力，尤其是利用计算机求解数学模型的能力，将数学建模竞赛出现的相关应用性问题进行整理，以背景知识、案例的形式编入教材中，或以课外资料的形式进行辅助.

本书涉及的全部实验均选用 MATLAB R2020a 软件加以实现. 通过对本书的学习，学生对 MATLAB 软件能够有一个初步的了解，并为今后进行数学建模和研究设计打下基础. 相关课程资源在浙江省高等学校在线开放课程共享平台（www.zjooc.cn）.

由于编写水平所限，加之时间仓促，本书一定存在不当之处，恳请读者和同行专家多提宝贵意见，以便进一步修改、完善.

编者

目　录

瑞士数学家欧拉曾说:"数学这门学科,需要观察,还需要实验.许多定理都是靠实验、归纳发现的,证明只是补充的手续."

大家都知道物理实验和化学实验,那什么是数学实验呢?长期以来,人们对数学教学的认识局限于概念、定理、公式和解题.

数学实验就是从问题(数学本身的问题或实际应用问题)出发,借助计算机软件,学习者亲自设计与动手操作,学习、探索和发现数学规律,或运用现有的数学知识分析和解决实际问题的过程.换言之,数学实验就是学习者自主探索数学知识及其实际应用的实践过程.

视频　数学实验绪论

数学实验是将计算机技术引入数学教学后出现的新事物.它的目的是提高学生学习数学的积极性,提高学生对数学的应用意识,并培养学生用所学的数学知识和计算机技术去认识和解决实际问题的能力.不同于传统的数学学习方式,它强调以学生动手为主.学生凭借简单易学、高度集成化的数学软件系统,能方便地对数学问题或实际应用问题进行符号演算、数值计算和图形分析,从而能够提高数学实践能力、培养探索精神,进而在实践和探索过程中提高学生的创造能力.数学实验既然是实验,就要求学生多动手、多上机、勤思考,在教师的指导下探索解决实际问题的方法,在失败与成功中获得真知.

随着移动互联网的崛起,全球数据呈爆炸性增长,人类已进入信息化和大数据时代.利用大数据技术挖掘数据的价值,在各行各业中发挥着越来越重要的作用.但是众多的信息是纷繁复杂的,我们需要搜索、处理、分析、归纳其深层次的规律.在此背景下,数学实验结合数学与计算机,在解决各领域问题中发挥出越来越重要的作用.

近年来,在计算机辅助教学领域里出现了多种支持数学实验的软件,如 Mathematica、MathCAD、Maple、MATLAB 等.本书使用 MATLAB R2020a 做数学实验.

MATLAB 最初由美国的 Cleve Moler 博士所研制,其目的是为线性代数等课程中的矩阵运算提供一种方便可行的实验手段. 经过几十年的发展，MATLAB 已成为在自动控制、生物医学工程、信号分析处理、语言处理、图像信号处理、雷达工程、统计分析、计算机、金融和数学等各行各业中都有极其广泛应用的数学软件. 在高等院校，MATLAB 已经成为线性代数、数值分析、数理统计、自动控制理论、数字信号处理、时间序列分析、动态系统仿真、图像处理等课程的基本教学工具，已成为大学生必须掌握的基本技能之一. MATLAB 功能强大、简单易学、编程效率高，深受广大用户的欢迎.

MATLAB 最突出的特点就是简洁. MATLAB 用更直观的符合人们思维习惯的代码代替了 C 和 FORTRAN 语言的冗长代码，也吸收了 Maple 等软件的优点，并且给用户带来了直观、简洁的程序开发环境. MATLAB 不仅具有强大的数值运算能力，而且具有符号运算、绘图和编程功能，特别是大量的工具箱，扩展了应用领域. 因此，MATLAB 是高校学生、教师、科研人员和工程计算人员的较好选择，是数学建模的工具之一.

软件篇

第 1 章
MATLAB简介

MATLAB 是 **MAT**rix **LAB**oratory（矩阵实验室）的缩写，是由美国 MathWorks 公司发布的广泛应用于工程计算及数值分析领域的一种开放式程序设计语言，是一种高性能的工程计算语言. 为科学研究、工程设计以及数值计算等众多科学领域提供了一个全面的解决方案.

本章主要介绍 MATLAB 的特点、窗口、常用菜单命令以及帮助系统等，并简单介绍 MATLAB 的基础知识.

1.1　MATLAB 特点

MATLAB 在每年会推出两个版本，上半年推出 a 版，下半年推出 b 版，b 版会对 a 版的一些功能进行完善. MATLAB 具有如下特点和功能：

（1）交互式命令环境

MATLAB 包含一个命令行窗口，在命令行窗口输入命令后执行，可以直接观察到执行结果.

（2）数值运算功能

MATLAB 以矩阵作为数据操作的基本单位，但无须预先指定矩阵维数. MATLAB 语句书写简单，不经事先声明即可调用. 表达式的书写与数学和工程中常用的形式十分相似，故用 MATLAB 来计算问题要比用仅支持标量的非交互式的编程语言（如 C、FOR-TRAN 等语言）简洁得多.

（3）符号运算功能

MATLAB 和著名的符号运算语言 Maple 相结合，具有强大的符号运算功能，能进行代数式和微积分运算等.

（4）绘图功能

MATLAB 提供丰富的绘图命令，具有出色的图形处理能力，便于实现数据的可视化.

视频 1.1　MATLAB
特点

（5）编程功能

具有友好的工作平台编程环境，程序不必经过编译就可以直接运行，而且能够及时报告出现的错误并进行出错原因分析；简单易用的程序语言，汇集了当前最新的数学算法库，使用预定义函数避免其他语言通常需要许多语句才能实现的功能.

MATLAB 本身就像一个解释系统，用户可以方便地看到函数的源程序，也可以方便地开发自己的程序. 另外，MATLAB 可以方便地和 FORTRAN、C 等语言进行对接，还和 Maple 有很好的接口.

（6）丰富的工具箱

"工具箱"是 MATLAB 对一系列处理特定问题的函数的统称，分为通用型的工具箱和专业领域的工具箱，包括符号数学工具箱、统计学工具箱、全局优化工具箱、信号处理工具箱、图像处理工具箱、金融工具箱等. 这些工具箱延伸到科学研究和工程应用的各个领域，为各行各业提供深度支持.

1.2　MATLAB 窗口

MATLAB R2020a 安装完成之后，如果在桌面上没有生成快捷方式，用户可以到 MATLAB 的安装目录 MATLAB\R2020a\bin 下找到 MATLAB.exe 文件，双击该文件即可启动 MATLAB. MATLAB 启动后就进入了集成开发环境，如图 1-1 所示.

视频 1.2　MATLAB
窗口

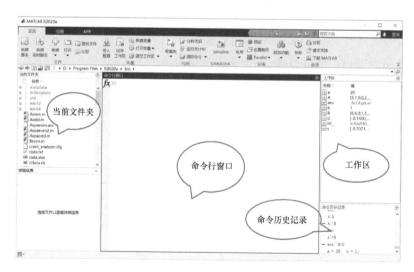

图 1-1　MATLAB 集成开发环境

MATLAB 的集成开发环境由以下窗口组成：

（1）当前文件夹窗口

当前文件夹窗口默认位于主窗口的左上方，MATLAB 加载任

何文件、执行任何命令都是从当前文件夹下开始的. 可以通过右击 MATLAB 启动图标，选择"属性"|"起始位置"设置 MATLAB 启动时的默认文件夹.

(2) 命令行窗口

命令行窗口默认位于主窗口的中间，是输入命令和输出结果的窗口，在这里输入的命令会立即执行并输出结果.

命令窗口以"≫"符号为提示符，用户在提示符后输入命令后按 Enter 键，该命令就会立即得到执行. 如果没有错误，执行完毕后 MATLAB 会回到提示符；如果有需要显示的内容，会在命令窗口直接显示出来；如果出现错误或警告，MATLAB 会在命令窗口中显示错误或警告信息.

(3) 工作区窗口

工作区窗口默认位于主窗口的右上方，MATLAB 命令窗口或 M 脚本文件执行产生的变量都会保存在工作空间中. 通过工作空间，用户可以方便地实现监视内存的目的. 工作空间首先按字母顺序排列所有变量，列出其数据类型、最大值和最小值. 用户可以双击查看、编辑变量的值，也可以新建、导入、复制、保存和删除变量.

可以在 MALTAB 命令窗口运行 clear 命令，清除工作空间中的所有变量，或使用 clear var1，var2 的形式清除部分变量.

(4) 命令历史记录窗口

命令历史记录窗口默认位于主窗口的右下方，记录了用户运行过的历史命令. 如果用户需要重新执行某一条命令，只需双击该命令即可. 也可以选中命令并复制下来，作为其他程序块的一部分. 这一人性化的设置省去了完全重新输入的烦琐操作.

在命令窗口，用户也可以通过上下箭头寻找历史命令. 甚至，如果用户能确定该命令开头的一个或若干个字符，可以输入这些字符再按向上箭头进行查找，效率极高. 当然，如果命令比较多，这样做依然不够方便，此时就可以查找命令历史窗口中的记录了.

1.3 常用菜单命令

1.3.1 设置搜索路径

在 MATLAB 主窗口中，依次选择"主页"|"设置路径"选项，就可以打开"设置路径"对话框，如图 1-2 所示. 这里的列表框中所列出的目录就是 MATLAB 的所有搜索路径.

如果只想把某一目录下的文件包含在搜索范围内而忽略其子目录，则单击对话框中的"添加文件夹"按钮，否则单击"添加并包含子文件夹"按钮.

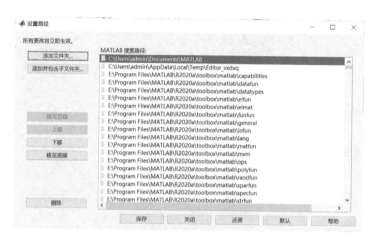

图 1-2　设置搜索路径对话框

图 1-2 中其他按钮的作用：

- 移至顶端：将选中的目录移动到搜索路径的顶端；
- 上移：将选中的目录在搜索路径中向上移动一位；
- 删除：将选中的目录在搜索路径中删除；
- 下移：将选中的目录在搜索路径中向下移动一位；
- 移至底端：将选中的目录移动到搜索路径的底部；
- 还原：恢复上次改变路径前的路径；
- 默认：恢复到最原始的 MATLAB 的默认路径.

1.3.2　偏好设置

在 MATLAB 主窗口中，依次选择"主页"|"预设"选项，就可以打开"预设项"对话框，如图 1-3 所示. 可以选择"字体"|"自定义"选项设置命令行窗口字体大小.

在 MATLAB 主窗口中，依次选择"主页"|"预设"选项，就可以打开"预设项"对话框，如图 1-4 所示. 可以选择"常规"|"桌面语言"选项设置桌面和错误消息所用的语言.

1.3.3　窗口布局

在 MATLAB 中选择"布局"菜单，可以在菜单命令中找到工作区、命令历史记录等命令，如图 1-5 所示. 命令前的打钩表示该窗口在主窗口中显示，取消该打钩，即可在 MATLAB 主窗口中去掉对应的窗口.

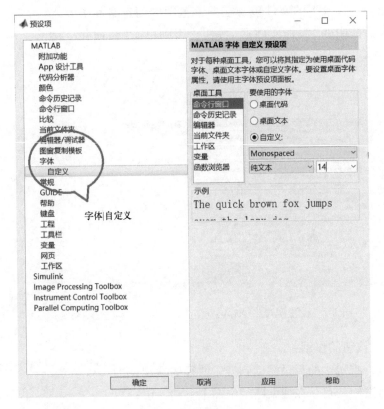

图 1-3　预设项

图 1-4　设置桌面和错误消息所用的语言

图 1-5　布局窗口

1.4　MATLAB 基础知识

1.4.1　基本符号

指令行"≫"是"指令输入提示符",它是自动生成的,表示 MATLAB 处于准备就绪状态. 如在提示符后输入一条命令或一段程序后按 Enter 键,MATLAB 将给出相应的结果,并将结果保存在工作区窗口中,然后再次显示一个"≫",为下一段程序的输入做准备,如图 1-5 所示.

MATLAB 要求在英文状态下输入括号、标点符号和命令等. 如果输入错误或者未正确调用函数等,都会在命令行窗口给出红色警告,用户可以根据给出的提示进行修改. 下面介绍命令行窗口中出现的常见错误:

视频 1.4　MATLAB
基础知识

（1）输入的括号为中文格式

```
≫ sin（）
 sin（）
   ↑
```

错误:文本字符无效.请检查不受支持的符号、不可见的字符或非 ASCII 字符的粘贴.

（2）函数未输入参数

```
≫ sin( )
错误使用 sin
输入参数的数目不足.
```

（3）未定义变量

```
≫ sin(x)
函数或变量'x'无法识别.
```

（4）MATLAB 自带函数名未小写

```
≫ Sin(pi/2)
函数或变量'Sin'无法识别.
```

（5）正确格式

```
≫ sin(pi/2)
ans =
    1
```

1.4.2 特殊符号

特殊符号用法如表 1-1 所示.

表 1-1 特殊符号表

名　称	符号	说　明
分号	;	不显示计算结果命令的结尾标志
续行符	…	用于长表达式的续行
百分号	%	注释符，在它后面的文字、命令等不被执行
冒号	:	生成一维数值数组
单引号	'	矩阵转置
单引号对	″	字符串标记符

例 1.1 续行符举例.

```
>> x=1-2+3-4+5...    %百分号是注释符,可以输入中文,
                      不影响命令运行

   x=1-2+3-4+5...
          ↑
```

错误:运算符的使用无效.

```
>> x=1-2+3-4+5...    %续行符英文状态输入,并且要和 5
                      空一格
-6+7-8
x =
   -4
```

1.4.3 常用命令

常用命令如表 1-2 所示.

表 1-2 常用命令

命令	含　义	命令	含　义
clf	清除图形窗口	help	命令行窗口中帮助函数
clc	清除命令窗口显示内容	edit	打开 M 文件编辑器
clear	清除工作区中的变量	type	显示文件内容
who	列出工作区中的变量	demo	浏览 MATLAB 软件基本功能
whos	列出工作区中的变量及大小和类型	funtool	打开可视化函数图形器

例 1.2　给变量 a 赋值 1，然后清除赋值.

```
>> a=1
 a =
   1
>> clear
>> a
```
函数或变量'a'无法识别.

1.4.4　数值与变量

1. 数值

MATLAB 关于实数的表达方式与其他程序语言没有什么区别. 但 MATLAB 有其特别之处：MATLAB 的所有运算是定义在复数域上的，而其他程序语言的计算是定义在实数域上的.

下面列出 MATLAB 若干常用的数值表达方式：

```
3,-99,7/3,0.001,9.456,+4.5e33    %实数表述示例
i*0.13e-2,3+5i,4-7j,-5/3+i*6/7,0.11-1j*0.79
                                 %复数表述示例
```

值得指出：

- 在以上表述中，i 和 j 是 MATLAB 默认的虚单元；
- 虚单元 i 和 j 与前面数字之间一定不要有空格，否则表达式无效.

MATLAB 的输出格式可由 format 命令（见表 1-3）控制，但要注意的是 format 命令只是影响在屏幕上的显示，而 MATLAB 的数据存储和运算总是以双精度进行的.

表 1-3　format 命令

命　令	说　明
format short	短固定十进制小数点格式，小数点后包含 4 位数，如 3.1416
format long	长固定十进制小数点格式，double 值的小数点后包含 15 位数，single 值的小数点后包含 7 位数，如 3.141592653589793
format shortE	短科学计数法，小数点后包含 4 位数，如 3.1416e+00
format longE	长科学计数法，double 值的小数点后包含 15 位数，single 值的小数点后包含 7 位数，如 3.141592653589793e+00
format shortG	短固定十进制小数点格式或科学计数法（取更紧凑的一个），总共 5 位，如 3.1416

（续）

命　令	说　明
format longG	长固定十进制小数点格式或科学计数法（取更紧凑的一个），对于 double 值，总共 15 位；对于 single 值，总共 7 位，如 3.14159265358979
format hex	二进制双精度数字的十六进制表示形式，如 400921fb54442d18
format bank	货币格式，小数点后包含 2 位数，如 1.41
format rat	小整数的比率，如 1393/985

例 1.3　当数组中的一些值数字少，而指数大时，使用 shortG 格式．shortG 格式在短固定十进制小数点格式和短科学计数法中选取最紧凑的显示格式．

```
>> x = [25 56.31156 255.52675 9876899999];
>> format short
>> x
x =
   1.0e+09 *
   0.0000   0.0000   0.0000   9.8769
>> format   shortG
>> x
x =
   25   56.312   255.53   9.8769e+09
```

2. 变量

变量是任何程序设计语言的基本要素之一，它是指其数值在数据处理的过程中可能会发生变化的一些数据量名称．

MATLAB 中的变量不需要事先定义，在遇到新的变量名时，MATLAB 会自动建立该变量并分配存储空间．在赋值过程中，如果变量已经存在，MATLAB 会用新值代替旧值，并以新的变量类型代替旧的变量类型．对变量赋值可采用赋值语句．

变量=值或表达式；

变量的命名应遵循以下原则：

● 变量名区分大小写，例如 abc_12 和 ABC_12 表示不同的变量名；

● 变量名必须是以字母开头，可包含字母、数字和下划线，最多可含 63 个字符；

● 变量名中不得包含空格、标点、运算符；

- 变量名应尽量不同于 MATLAB 自用的变量名(如 eps, pi 等)、函数命令(如 sin, eig 等).

3. 预定义变量

MATLAB 中提供了一些用户不能清除的固定变量, 应尽可能不对表 1-4 中所列的预定义变量重新命名.

表 1-4　MATLAB 的预定义变量

预定义变量	含　义	预定义变量	含　义
ans	在没有定义变量时系统默认变量名	i 或 j	虚数单位
eps	eps = 2.22 * 10^{-16}	NaN 或 nan	不定值, 由 Inf/Inf 或 0/0 产生
pi	圆周率 π	Inf 或 inf	无穷大

1.4.5　运算符

MATLAB 的运算符分为算术运算符、关系运算符和逻辑运算符.

1. 算术运算符

算术运算符(见表 1-5)是构成运算的最基本操作命令, 根据作用对象不同, 算术运算分为矩阵运算和数组运算. 矩阵运算按线性代数的规则进行运算, 数组运算则是对数组元素逐个进行运算.

表 1-5　算术运算符

运算符	功　能	运算符	功　能
+	数的加法、同维矩阵相加	+	同维数组相加
−	数的减法、同维矩阵相减	−	同维数组相减
*	数的乘法、可乘矩阵相乘	.*	同维数组相乘
\	矩阵左除, A \ B 表示 AX = B 的解 X	.\	同维数组左除, A.\B 表示 B 的每个元素除以 A 的对应元素
/	矩阵右除, A/B 表示 XB = A 的解 X	./	同维数组右除, A./B 表示 A 的每个元素除以 B 的对应元素
^	方阵的幂	.^	数组的幂, 表示数组的每个元素的幂

2. 关系和逻辑运算符

关系运算符用于比较数、字符串、矩阵间的大小或不等关系, 其返回值为逻辑 0 或 1. 逻辑运算主要用于逻辑表达式及进行逻辑运算, 参与运算的逻辑量以 0 表示"假", 以任意非 0 数表示"真"(见表 1-6).

表 1-6   关系与逻辑运算表

运算符	功　　能	运算符	功　　能
==	等于	&	逻辑与
~=	不等于	|	逻辑或
<	小于	~	逻辑非
>	大于	xor	逻辑异或
<=	小于或等于	&&	短逻辑与，当第一个操作数为假时，直接返回假
>=	大于或等于	||	短逻辑或，当第一个操作数为真时，直接返回真

例 1.4   逻辑运算.

```
>>a=20; b=1;
>> x=(b~=0)&&(a/b > 18.5)
x =
  logical
  1
>> b=0;
>> x=(b~=0) && (a/b > 18.5)
x =
  logical
0
```

3. 运算符的优先级

MATLAB 进行运算时，不同的运算符有不同的优先级，按运算符的优先级从高到低进行运算，相同优先级的运算符，则按从左到右的顺序进行.

各种运算符由高到低的运算优先级为：算术运算符、关系运算符、逻辑运算符. 在逻辑运算符中，由高到低的级别为：~、&、|、xor. 圆括号可以改变运算的优先级顺序，使用多重圆括号时，优先级从外到内依次升高.

1.5　帮助系统

1.5.1　联机帮助系统

MATLAB 的帮助系统非常完善，这与其他科学计算软件相比是一个突出的特点，要熟练掌握 MATLAB，就必须熟练掌握 MATLAB 帮助系统的使用.

在 MATLAB 主窗口中, 依次选择"主页"|"帮助"选项下拉菜单前 3 项中的任何一项, 将打开 MATLAB 联机帮助系统窗口, 如图 1-6 所示.

图 1-6　MATLAB 联机帮助系统窗口

为了使用户更快捷地获得帮助, 可在 MATLAB 命令窗口中输入 help 命令. 如想要获得关于 help 命令的帮助, 只需在命令窗口输入 help help 并按 Enter 键:

```
>> help help
help -命令行窗口中函数的帮助
```

此 MATLAB 函数显示 name 指定的功能的帮助文本, 例如函数、方法、类、工具箱或变量. 一些帮助文本用大写字符显示函数名称, 以使它们与其他文本区分开来. 键入这些函数名称时, 请使用小写字符. 对于大小写混合显示的函数名称 (如 javaObject), 请按所示键入名称.

```
help name
help
```

另请参阅 doc, lookfor, more, what, which, whos

```
help 的文档
名为 help 的其他函数
```

如果输入 doc help 命令，则可以打开 MATLAB 联机帮助系统．对于函数来说，一般 doc help 与 help help 得到的内容是一致的，doc help 得到的联机帮助系统实例更丰富一些．

MATLAB 中还有许多其他的常用帮助命令：

- who：内存变量列表；
- whos：内存变量详细信息；
- what：目录中的文件列表；
- which：确定文件位置；
- exist：变量检验函数．

1.5.2　联机演示系统

除了在使用时查询帮助，对 MATLAB 初学者来说，最好的学习方法是查看它的联机演示系统．在 MATLAB 主窗口中，依次选择"主页"｜"帮助"｜"示例"选项，或者直接在 MATLAB 联机帮助窗口中选中"MATLAB Examples"选项，或者直接在命令行窗口中输入 demos，将进入 MATLAB 帮助系统的主演示页面，如图 1-7 所示．

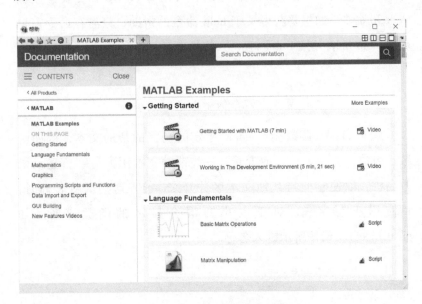

图 1-7　MATLAB 帮助系统主演示页面

左边是演示选项超链接，单击某个选项超链接即可进入具体的演示界面，在右边显示如图 1-8 所示．单击页面上的"打开实时脚本"按钮，运行该实例可以得到运行结果如图 1-9 所示．

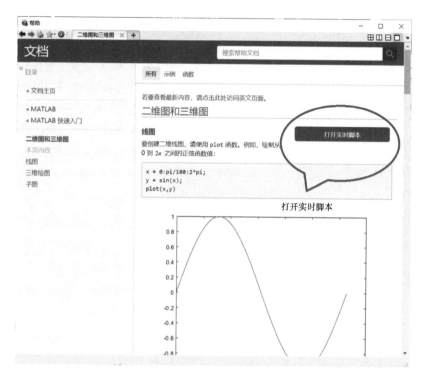

图 1-8　具体演示界面

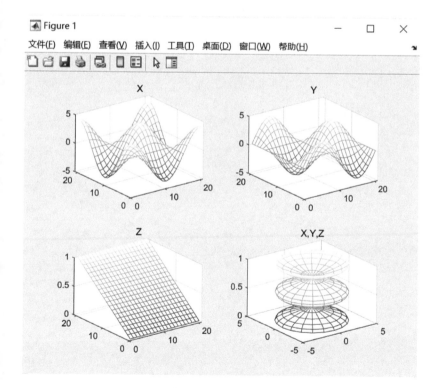

图 1-9　运行结果

习题 1

1. 简述分号、百分号、续行符的作用.

2. 简述 MATLAB 的变量命名原则.

3. 设置 MATLAB 的命令行窗口和编辑器字体大小为 18.

4. 输入复数 $a = 3+5i$.

5. 计算 $z = \pi^2$，结果用长科学计数法表示.

6. 试用不同的格式显示 eps 和 pi.

7. 在命令行窗口输入"$a = -8:8$"，然后依次使用 who，whos，clear 和 clc 命令，分别观察命令行窗口、工作区窗口和命令历史记录窗口的变化.

8. 利用帮助命令 help 了解 plot、clear、whos 命令.

9. 熟悉 MATLAB 的菜单栏及工具栏的功能.

10. 在命令行窗口输入 demo 命令，查看 MATLAB 自动演示功能.

第2章
MATLAB数值运算

数值运算功能是 MATLAB 语言最显著的特色，基于最为流行的 C++语言. MATLAB 能处理数、向量和矩阵. 实际上，一个数是一个 1×1 的矩阵，一个 n 维向量是一个 1×n 或 n×1 的矩阵.

本章介绍向量、矩阵和多项式的数值运算.

2.1 向量及其运算

在数学上，向量是由 n 个数 $a_1, a_2, \cdots, a_n$ 组成的有序数组，记成

$$\boldsymbol{a} = \begin{pmatrix} a_1 \\ a_2 \\ \vdots \\ a_n \end{pmatrix} \text{ 或 } \boldsymbol{a}^{\mathrm{T}} = (a_1, a_2, \cdots, a_n),$$

叫作 n 维向量，向量 $\boldsymbol{a}$ 的第 i 个分量称为 a_i.

视频 2.1　向量及
其运算

2.1.1 向量的创建

MATLAB 中向量可以由以下方法创建：

1. 元素输入法

在命令行窗口中直接输入，向量元素用"[ ]"括起来，元素之间用空格、逗号或分号分隔. 用空格和逗号分隔生成行向量，用分号分隔生成列向量.

例 2.1　单个标量的输入.

```
>> a=3    %输入数值a
a =
    3
>>whos    %whos 命令可以查看工作区中所存储的变量信息
  Name   Size      Bytes  Class    Attributes
  a      1x1          8 double
```

2. 冒号法

冒号表达式的基本形式为 x = a:step:b，表示创建一个从 a 开始，增量为 step，不超过 b 的向量. 若增量为 1，表达式可以简写为 x = a:b.

3. 线性等分向量法

- linspace(a,b)　生成包含 a 和 b 之间的 100 个等间距点的行向量；
- linspace(a,b,n)　生成包含 n 个点的行向量. 这些点的间距为 (b-a)/(n-1).

4. 对数等分向量法

- logspace(a,b)生成一个由在 10^a 和 10^b（10 的 N 次幂）之间的 50 个对数间距点组成的行向量 y；
- logspace(a,b,n)在 10a 和 10b 之间生成 n 个点.

例 2.2　生成向量举例.

```
>>x1=[1 3 5 7 9]          %元素输入法
x1 =
   1   3   5   7   9
>>x2=1:2:10               %冒号生成法
x2 =
   1   3   5   7   9
>>x3=5:-2:1               %冒号生成法
x3 =
   5   3   1
>>x4=linspace(3,-2,6)     %线性等分向量法
x4 =
   3   2   1   0  -1  -2
>>x5=logspace(0,5,6)      %对数等分向量法
x5 =
   1    10    100    1000    10000    100000
```

2.1.2　向量元素的引用

- x(n)　　　　表示向量中的第 n 个元素；
- x(n1:n2)　　表示向量中的第 n1 至 n2 个元素.

例 2.3　向量元素的引用、修改和扩展.

```
>> x=1:2:5
```

```
x =
   1  3  5
>> x(2)=6            %修改第 2 个元素为 6
x =
   1  6  5
>> x(5)=7            %增加第 5 个分量,第 4 个分量没有赋
                       值,自动设为 0
x =
   1  6  5  0  7
>> x([1,end])
ans =
   1  5
```

注: MATLAB 中对下标的标识是从 1 开始的, 就是和数学中使用的说法是一致的. 这和其他一些编程语言中从 0 开始标识是不同的.

2.1.3　向量的运算

1. 向量加减与数加减

向量的加减法要求运算的向量有相同的维数, 而向量与数加减法运算则是先将数扩展成与向量同维的且每个元素都等于该数的向量, 再进行加减运算.

```
>> a=1:3
a =
   1  2  3
>> b=2:2:7
b =
   2  4  6
>> a+b              %向量 a 与 b 都是三维向量,可以做加法
ans =
   3  6  9
>> a+3             %向量与 3 相加,向量的每个元素加 3
ans =
   4  5  6
```

2. 数乘

向量的数乘运算是将向量的每个元素都乘以该数.

例 2.4   向量的运算.

```
>>x=linspace(1,10,3)
ans =
   1.0000  5.5000  10.0000
>>x * 2
ans =
    2  11  20
```

3. 点积、叉积及混合积

（1）向量的点积

- C=dot(A,B)   返回向量 A 和 B 的数量点积. A 和 B 必须同维. 当 A 和 B 都为列向量时，它等同于 A ' * B.

（2）向量叉积

- C=cross(A,B)   返回向量 A 和 B 的叉积向量. 如果 A 和 B 为向量，要求 A 和 B 必须为 3 个元素的向量.

例 2.5   向量的点积和叉积运算.

```
>>A = [4 -2 1];
>>B = [1 -1 3];
>> C=dot(A,B)        %向量 A 和 B 的点积
C =
  9
>>D = cross(A,B)     %向量 A 和 B 的叉积
D =
  -5  -11  -2
```

2.2   矩阵及其运算

在数学上，定义由 $m×n$ 个数 $a_{ij}(i=1,2,\cdots,m;j=1,2,\cdots,n)$ 排成的 m 行 n 列的数表

$$A = \begin{pmatrix} a_{11} & a_{12} & \cdots & a_{1n} \\ a_{21} & a_{22} & \cdots & a_{2n} \\ \vdots & \vdots & & \vdots \\ a_{m1} & a_{m2} & \cdots & a_{mn} \end{pmatrix}$$

称为 m 行 n 列矩阵. 若 $m=n$，则该矩阵为 n 阶方阵.

矩阵的创建

1. 简单矩阵的创建

MATLAB 中矩阵可以采用逐一输入元素的方法创建. 输入矩阵时要用"[ ]"括起来, 同行元素之间由空格或","分隔, 行与行之间用";"或回车符分隔, 矩阵元素可以是表达式.

视频 2.2.1　矩阵的创建

例 2.6　矩阵的创建.

```
>>a=[1 2 3;4,5,6;7,8 9]
a =
    1   2   3
    4   5   6
    7   8   9
>>b=[sin(pi/3),cos(pi/4);log(9),sqrt(6)]
b =
    0.8660   0.7071
    2.1972   2.4495
```

2. 特殊矩阵的创建

（1）空阵

在 MATLAB 中定义"[ ]"为空阵；

（2）全零矩阵

* zeros(n)　　　　　　　　创建 n 阶的全零矩阵；
* zeros(m,n)或 zeros([m,n])　创建 m×n 的全零矩阵；

```
>>zeros(3)
ans =
    0   0   0
    0   0   0
    0   0   0
```

（3）单位矩阵

* eye(n)　　　　　　　　创建 n 阶的单位矩阵；
* eye(m,n)　　　　　　　创建 m×n 的单位矩阵；

```
>>eye(3)
ans =
    1   0   0
    0   1   0
    0   0   1
```

（4）全一矩阵

- ones(n)　　　　　　创建 n 阶的全一矩阵；
- ones(m,n)　　　　　创建 m×n 的全一矩阵；

```
>> ones(2,3)
ans =
   1   1   1
   1   1   1
```

（5）随机矩阵

- rand(n)　　在区间（0,1）内创建 n 阶均匀分布的随机矩阵；
- rand(m,n)　在区间（0,1）内创建 m×n 的均匀分布的随机矩阵；
- rand　　　在区间（0,1）内创建一个随机数量；
- randn(n)　　创建 n 阶的正态分布 N(0,1) 的随机矩阵；

```
>> rand(3)
ans =
   0.4218   0.9595   0.8491
   0.9157   0.6557   0.9340
   0.7922   0.0357   0.6787
```

（6）伴随矩阵

- compan(p)　创建系数向量是 p 的多项式的伴随矩阵；

（7）对角矩阵

- diag(v,k)　将向量 v 的元素放置在第 k 条对角线上. k = 0 表示主对角线，k>0 位于主对角线上方，k<0 位于主对角线下方.

```
>> diag([1 2 3])
ans =
   1   0   0
   0   2   0
   0   0   3
```

例 2.7

构造三对角矩阵 $A = \begin{pmatrix} 1 & 2 & 0 & 0 \\ 5 & 2 & 3 & 0 \\ 0 & 4 & 3 & 4 \\ 0 & 0 & 3 & 4 \end{pmatrix}$.

```
>>A = diag([1 2 3 4])+diag([2 3 4],1)+diag([5 4 3],-1)
```

```
A =
 1  2  0  0
 5  2  3  0
 0  4  3  4
 0  0  3  4
```

（8）希尔伯特（Hilbert）矩阵

* hilb（n）　　创建 n 阶的希尔伯特矩阵；

（9）魔方矩阵

* magic（n）　　创建 n 阶魔方矩阵；

```
>> magic(3)
ans =
 8  1  6
 3  5  7
 4  9  2
```

（10）稀疏矩阵

* sparse（A）　通过挤出任何零元素将满矩阵转换为稀疏格式. 如果矩阵包含许多零，将矩阵转换为稀疏格式可以节省内存.

2.2.2　矩阵的运算

1. 矩阵的基本运算

（1）常数与矩阵的运算

常数与矩阵运算即是常数与矩阵各元素之间进行运算.

* k+A　常数 k 加上矩阵 A 的每个元素；
* k−A　常数 k 减去矩阵 A 的每个元素；
* k∗A　常数 k 乘以矩阵 A 的每个元素；
* A/k　矩阵 A 的每个元素除以常数 k.

（2）矩阵的加减法

数学上，设 $\boldsymbol{A}=(a_{ij})$ 和 $\boldsymbol{B}=(b_{ij})$ 都是 $m\times n$ 矩阵，$\boldsymbol{A}\pm\boldsymbol{B}=(a_{ij}\pm b_{ij})$. 要求矩阵 $\boldsymbol{A}$ 和 $\boldsymbol{B}$ 是同型矩阵，即 $\boldsymbol{A}$ 的行数和 $\boldsymbol{B}$ 的行数相等，$\boldsymbol{A}$ 的列数与 $\boldsymbol{B}$ 的列数相等.

在 MATLAB 中用 A+B、A−B 计算矩阵的和差，这与数学上的矩阵加减法相同.

（3）矩阵的乘法

数学上，设 $\boldsymbol{A}=(a_{ij})$ 是 $m\times s$ 矩阵，$\boldsymbol{B}=(b_{ij})$ 是 $s\times n$ 矩阵，则 $\boldsymbol{AB}=(c_{ij})$ 是 $m\times n$ 矩阵，其中 $c_{ij}=a_{i1}b_{1j}+a_{i2}b_{2j}+\cdots+a_{is}b_{sj}$. 要求矩阵 $\boldsymbol{A}$ 的列数等于矩阵 $\boldsymbol{B}$ 的行数.

视频 2.2.2　矩阵的运算

在 MATLAB 中用 A∗B 计算矩阵的乘积，也要求矩阵 **A** 的列数等于矩阵 **B** 的行数，这与数学上的矩阵乘法相同. A.∗B 计算同型矩阵 A 和 B 对应元素的乘积.

（4）矩阵的除和点除运算

矩阵的除和点除运算是 MATLAB 特有的，运算符为"\""/""./"".\"".

- A\B　A 左除 B，求线性方程组 AX＝B 的解 X. 若 B 为非奇异方阵，则 X＝inv(A)∗B；否则将使用最小二乘法求 X；
- A/B　B 右除 A，求线性方程组 XB＝A 的解 X. 若 A 为非奇异方阵，则 X＝A∗inv(B)；否则将使用最小二乘法求 X；
- A.\B　A 的每个元素左除 B 的对应元素，要求 A 和 B 同型；
- A./B　B 的每个元素右除 A 的对应元素，要求 A 和 B 同型.

（5）矩阵的幂和点幂运算

数学上，设 **A**＝(a_{ij}) 是 n 阶方阵，A^k 表示 k 个 **A** 相乘，要求矩阵 **A** 是方阵.

在 MATLAB 中用 A^k 计算矩阵的 k 次幂，也要求矩阵 A 是方阵，这与数学上的矩阵求幂运算相同. 但是，点幂运算是 MATLAB 特有的，A.^k 计算 A 中的每个元素的 k 次幂.

例 2.8　矩阵运算.

```
>> A=magic(2)
A =
   1  3
   4  2
>> B=ones(2,3)
B =
   1  1  1
   1  1  1
>> A+B            %矩阵 A 和 B 不是同型矩阵,不能求和
矩阵维度必须一致. %出错提示
>> A+2
ans =
   3  5

>> A.^2          %A 的点幂运算
ans =
   1  9
   16  4
```

2. 矩阵的函数运算

矩阵的函数运算如表 2-1 所示.

表 2-1　矩阵的函数运算表

函数形式	函数功能	函数形式	函数功能
eig(A)	求方阵 A 的特征值	A'	求矩阵 A 的转置
rank(A)	求矩阵 A 的秩	det(A)	求方阵 A 的行列式
trace(A)	求方阵 A 的对角元素和	rref(A)	求矩阵 A 的行最简形
inv(A)	求方阵 A 的逆矩阵	null(A)	求 Ax = 0 的基础解系
lu(A)	LU 矩阵分解	orth(A)	求矩阵 A 的正交基

（1）特征值函数

矩阵的特征值可由函数 eig 计算得出，可以给出矩阵的特征值和特征向量.

- e = eig(A)　　　　返回方阵 A 的特征值；
- [V,D] = eig(A)　　返回特征值的对角矩阵 D 和矩阵 V，V 的列是对应的右特征向量，使得 A * V = V * D.

```
>>A = magic(3)
A =
     8   1   6
     3   5   7
     4   9   2
>>[V,D]=eig(A)
V =
    -0.5774   -0.8131   -0.3416
    -0.5774    0.4714   -0.4714
    -0.5774    0.3416    0.8131
D =
    15.0000        0        0
         0    4.8990        0
         0         0   -4.8990
```

（2）迹函数

- b = trace(A)　　计算矩阵 A 的对角线元素之和.

```
>>A=[1 -5 2; -3  7 9; 4 -1 6];
>>b = trace(A)
```

```
b =
  14
```

(3) LU 分解

• [L,U]=lu(A)   将满矩阵或稀疏矩阵 A 分解为一个上三角矩阵 U 和一个经过置换的下三角矩阵 L，使得 A=L*U.

```
>> A = [10 -7 0; -3 2 6;  5 -1 5]
A =
  10  -7   0
  -3   2   6
   5  -1   5
>> [L,U] = lu(A)
L =
  1.0000       0        0
 -0.3000  -0.0400   1.0000
  0.5000   1.0000      0
U =
 10.0000  -7.0000      0
      0    2.5000   5.0000
      0       0     6.2000
```

以上介绍的函数在实际运算中是远远不够的，表 2-2 介绍了一些其他基本函数.

例 2.9   计算 $\sin x$ 在 $x=0$，$\dfrac{\pi}{6}$，$\dfrac{\pi}{3}$，$\dfrac{\pi}{2}$，π，$\dfrac{5}{4}\pi$，$\dfrac{3}{2}\pi$，2π 处的函数值.

解
```
>> clear
>> x=[0, pi/6, pi/3, pi/2, pi, 5*pi/4, 3*pi/2,
2*pi];
>> y=sin(x)
y =
   0  0.5000  0.8660  1.0000  0.0000  -0.7071
 -1.0000  -0.0000
```

可知 $\sin x$ 在 $x=0$，$\dfrac{\pi}{6}$，$\dfrac{\pi}{3}$，$\dfrac{\pi}{2}$，π，$\dfrac{5}{4}\pi$，$\dfrac{3}{2}\pi$，2π 处的函数值分别为 0，0.5，0.866，1，0，-0.7071，-1，0.

表 2-2　基本函数表

函数名	功能	函数名	功能	函数名	功能
sin	正弦函数	asin	反正弦函数	cos	余弦函数
acos	反余弦函数	acsc	反余割函数	angle	相角函数
tan	正切函数	round	四舍五入函数	conj	复共轭函数
atan	反正切函数	exp	指数函数	imag	复矩阵虚部函数
cot	余切函数	log	自然对数函数	real	复矩阵实部函数
acot	反余切函数	log10	以 10 为底的对数函数	mod	（带符号）求余函数
sec	正割函数	log2	以 2 为底的对数函数	rem	无符号求余函数
asec	反正割函数	sqrt	平方根函数	sign	符号函数
csc	余割函数	abs	模函数		

例 2.10　计算 e^2，ln10.

解　>> exp(2)

ans =

　7.3891

>> log(10)

ans =

　2.3026

可知 $e^2 = 7.3891$，$ln10 = 2.3026$.

例 2.11　计算 23 对 5 取模.

解　>> b=mod(23,5)

b =

　　3

可知 23 对 5 取模为 3.

3. 矩阵元素的特殊运算

矩阵中的元素与向量中的元素一样，可以进行抽取引用、编辑修改等操作.

（1）矩阵元素的提取

- A(i,j)　　　表示 A 中第 i 行第 j 列的元素
- A(i:j,m:n)　表示由第 i 行到第 j 行和第 m 列到第 n 列交叉位置上的元素组成的子矩阵
- A(i,:)　　　表示第 i 行
- A(:,j)　　　表示第 j 列
- A(:,:)　　　表示整个 A 矩阵
- A(:)　　　　表示将矩阵 A 中的每列合并成一个长的列向量

（2）矩阵元素的删除

通过将行或列指定为空矩阵[ ]，即可从矩阵中删除行和列.

例 2.12　矩阵的提取和删除.

```
>> A=magic(3)
A =
     8   1   6
     3   5   7
     4   9   2
>> A([1 3],[2 3])          %提取 A 的第 1,3 行,第 2,3 列所
                             在元素
ans =
     1   6
     9   2
>> A(2,:)=[ ]              %删掉第 2 行
A =
     8   1   6
     4   9   2
```

（3）矩阵的变维

实现矩阵的变维有两种方法：即用"："和函数 reshape.

- $B=reshape(A,M,N)$　将矩阵 X 变成 M*N 维矩阵.

例 2.13　矩阵的特殊运算.

```
>>a=[1:12]
a =
     1   2   3   4   5   6   7   8   9   10   11   12
>>b=reshape(a,2,6)        %将矩阵 a 重排成 2 行 6 列的
                            矩阵
b =
     1   3   5   7   9   11
     2   4   6   8  10  12
>>c=zeros(3,4)
c =
     0   0   0   0
     0   0   0   0
     0   0   0   0
>>c(:)=a(:)
```

```
c =
    1   4   7   10
    2   5   8   11
    3   6   9   12
```

（4）矩阵的抽取

● x=diag(A,k)　抽取矩阵 A 的第 k 条对角线的元素向量. k=0 表示主对角线，k>0 位于主对角线上方，k<0 位于主对角线下方；

● L=tril(A,k)　返回位于 A 的第 k 条对角线上以及该对角线下方的元素；

● U=triu(A,k)　返回位于 A 的第 k 条对角线上以及该对角线上方的元素.

例 2.14　生成对角矩阵.

```
>>C=[1 2 3]
C =
    1   2   3

>> V=diag(C)
V =
    1   0   0
    0   2   0
    0   0   3
>>V1=diag(V)
V1 =
    1
    2
    3
>>V2=diag(C,2)
V2 =
    0   0   1   0   0
    0   0   0   2   0
    0   0   0   0   3
    0   0   0   0   0
    0   0   0   0   0
>> V3=diag(C,-1)
V3 =
```

```
0  0  0  0
1  0  0  0
0  2  0  0
0  0  3  0
```

例 2.15　提取矩阵的上三角和下三角部分.

```
>> A=ones(4)
A =
  1  1  1  1
  1  1  1  1
  1  1  1  1
  1  1  1  1
>> C=triu(A,1)
C =
  0  1  1  1
  0  0  1  1
  0  0  0  1
  0  0  0  0
>> D=tril(A,-1)
D =
  0  0  0  0
  1  0  0  0
  1  1  0  0
  1  1  1  0
```

（5）矩阵的扩展

对矩阵的扩展有 2 种方法：

1) 利用对矩阵标识块的赋值命令

● A(m1:m2,n1:n2)=a　生成大矩阵. 其中(m2-m1+1)必须等于 a 的行维数，(n2-n1+1)必须等于 a 的列维数. 生成的(m2 * n2)维的矩阵 A，除赋值子阵和已存在的元素外，其余元素都默认为 0.

例 2.16　构造大矩阵.

```
>> a=[1 2 3;4 5 6;7 8 9]
a =
   1  2  3
   4  5  6
```

```
      7   8   9
>>a(3:5,4:6)=eye(3)
a =
      1   2   3   0   0   0
      4   5   6   0   0   0
      7   8   9   1   0   0
      0   0   0   0   1   0
      0   0   0   0   0   1
```

2）利用小矩阵的组合来生成大矩阵

```
>>v=[1 2 6 20]
v =
      1     2     6     20
>>a2=[-v(2:4);eye(2),zeros(2,1)]
a2 =
     -2      -6      -20
      1       0        0
      0       1        0
```

注：如果要在水平方向上合并矩阵，那么每个子矩阵的行数必须相同；如果要在竖直方向上合并矩阵，那么每个子矩阵的列数必须相同.

2.3　多项式及其运算

2.3.1　多项式的创建

多项式一般可以表示为

$$p(x)=a_0x^n+a_1x^{n-1}+\cdots+a_{n-1}x+a_n$$

在 MATLAB 中，多项式是以向量的形式存放的，并且约定多项式系数向量以降幂形式排列，即上述多项式在 MATLAB 中可以表示为 $p=[a_0,a_1,\cdots,a_{n-1},a_n]$. 构造多项式的函数调用格式如下：

视频 2.3　多项式
及其运算

- p=poly(r)　若 r 是向量，返回多项式的系数，其中多项式的根是 r 的元素；
- p=poly(A)　若 A 是 n 阶方阵，返回方阵 A 的特征多项式的 n+1 个系数；
- P=poly2sym(p,var)　p 为多项式系数向量，var 为符号型变量（默认值是 x），返回多项式.

例 2.17　在 MATLAB 中构造多项式 x^3-2x+5.

```
>> p=[1 0 -2 5]
p =
   1   0   -2   5
>> poly2sym(p)
ans =
x^3 - 2 * x+5
```

2.3.2　多项式的运算

由于多项式在 MATLAB 中是以向量形式进行运算的，因此满足数组的相关运算. 但是 MATLAB 也提供了仅适用于多项式的几个运算函数，如表 2-3 所示.

表 2-3　多项式运算相关函数

函数	功　能	函数	功　能
conv	多项式乘法	polyval	以点运算规则求多项式的值
deconv	多项式除法	polyvalm	以矩阵运算规则求多项式的值
polyder	多项式微分	roots	多项式方程求根
polyint	多项式积分	residue	部分分式展开

例 2.18　多项式运算.

```
>> p=[1 3 5]
p =
  1   3   5
>>polyval(p,2)
ans =
   15
>> A=magic(2)
A=
   1   3
   4   2
>> poly(A)
ans =
   1   -3   -10        %方阵 A 的特征多项式的系数向量,
                        |λE-A|=λ²-3λ-10
>> p=[3 -2 -4];
```

```
>>r=roots(p)
r=
    1.5352
   -0.8685      %方程 3x² - 2x - 4 = 0 的根为 1.5352,
                 -0.8685
```

例 2.19　创建一个多项式，其根为 1，2，2+i，2-i.

```
>> r=[1,2,2+i,2-i];
>> p=poly(r)
p=
    1  -7  19  -23  10
>>poly2sym(p)
ans=
x^4 - 7*x^3 + 19*x^2 - 23*x + 10
```

可知求得的多项式为 $x^4 - 7x^3 + 19x^2 - 23x + 10$.

例 2.20　计算两个多项式 $f(x) = x^5 + 2x^3 - 6x$ 和 $g(x) = x^2 + x - 1$ 的乘积以及相除的商式和余式.

```
>> f=[1 0 2 0 -6 0];
>> g=[1 1 -1];
>> p=conv(f,g)
p=
    1  1  1  2  -8  -6  6  0    %乘积的系数向量
>>[q,r]=deconv(f,g)
q=
    1  -1  4  -5                %商式的系数向量
r=
    0  0  0  0  3  -5           %余式的系数向量
```

可知两个多项式的乘积是 $x^7 + x^6 + x^5 + 2x^4 - 8x^3 - 6x^2 + 6x$，相除的商式是 $x^3 - x^2 + 4x - 5$，余式是 $3x - 5$.

习题 2

1. 设 a=[1,-2,3;4,5,9;6,3,-8]，b=[2,6,1;-3,2,7;4,8,-1]，做以下运算：

(1) a.＊b;　　　　(2) a＊b;　　(3) 2-a;

(4) a(1:2,2:3);　(5) a^2;　　　(6) a.^2;

(7) a\b;　　　　(8) a.\b;　　(9) a./b;

(10) a/b.

2. 将区间 [-5,5] 进行 20 等分，取其端点得到一个向量.

3. 比较 eye(10) 和 sparse(10) 生成矩阵的异同之处.

4. 对矩阵 A = magic(4) 进行如下操作:

（1）提取第 2 行为行向量;

（2）提取第 3 列为列向量;

（3）提取第 1、3 行组成新矩阵;

（4）提取第 3、4 列组成新矩阵;

（5）提取第 1、3 行位于第 3、4 列的元素组成新矩阵;

（6）删去第 4 行,其余元素组成新矩阵.

5. 写出由矩阵 $A = \begin{pmatrix} 1 & 2 & 3 \\ 4 & 5 & 6 \\ 7 & 8 & 9 \end{pmatrix}$ 得到矩阵 $B =$

$\begin{pmatrix} 7 & 8 & 9 \\ 1 & 2 & 3 \\ 4 & 5 & 6 \end{pmatrix}$ 的 MATLAB 命令.

6. 已知矩阵 $A = \begin{pmatrix} 1 & 3 \\ 5 & 7 \end{pmatrix}$ 和 $B = \begin{pmatrix} 1 & 0 \\ 0 & 1 \end{pmatrix}$,写出生

成 $C = \begin{pmatrix} 0 & A \\ B & 0 \end{pmatrix}$ 的 MATLAB 命令.

7. 生成一个 8×10 矩阵,满足以下条件:

（1）左上角为 4 阶全 1 方阵;

（2）右上角为 4×6 单位阵;

（3）左下角为 4 阶全 0 方阵;

（4）右下角为 4×6 随机阵(均匀分布).

8. 利用 roots 求 $x^3 - 4x^2 + 2 = 0$ 的根,结果以分数表示.

9. 利用 poly 命令求出根为 $x_1 = 2$,$x_2 = 3$ 的多项式.

10. 计算多项式 $f(x) = 3x^4 + 4x^2 - 5$ 和 $g(x) = x^2 - 6x$ 的乘积以及相除的商式和余式.

11. 已知 $x = [-1 : 0.2 : 2]$,求出多项式 $f(x) = 2x^6 - 5x^2 + 3$ 在 x 处的值.

数值运算虽然在工程上广泛应用，但往往得到的是近似值而非精确值. 在数学、物理学及力学等各种学科和工程应用中，经常会遇到符号运算问题. MATLAB 中的 Symbolic Toolbox 是用于符号运算的工具箱，提供了 150 多个功能函数，使得 MATLAB 不但能进行数值运算，而且还可以进行符号运算.

本章介绍 MATLAB 符号变量和符号表达式的创建，以及符号表达式的运算.

3.1　符号变量及表达式

MATLAB 中定义的数据默认为数值类型，要进行符号运算必须先将数值型的数字或变量转为符号类型.

3.1.1　符号变量的创建

符号对象的类型在 MATLAB 中称为 sym，而且定义符号对象的常见命令就是 sym. sym 函数常见的调用语法如下：

视频 3.1　符号变量
及表达式

- x = sym('x')　　　　　创建符号变量 x；
- syms var1...varN　　　创建符号变量 var1...varN；
- A = sym('a', [m n])　创建一个符号矩阵 A，矩阵的维度为 m×n. 若 m=n，则可以简写为 A = sym('a',n)，还可以利用%d 设置元素下标的格式；
- sym(num)　　将数值常数或数值矩阵转换成符号常数或符号矩阵；
- A = double(B)　　将符号常数或符号矩阵转换成数值常数或数值矩阵.

注：sym 函数一次只能定义一个符号变量，使用不方便. 而syms 函数一次可以定义一个符号变量，也可以一次定义多个符号变量. syms 函数使用起来比 sym 函数更加简洁.

例 3.1 使用 syms 函数创建符号变量.

```
>>syms x y z
>>whos
  Name     Size      Bytes  Class    Attributes
  x        1x1           8  sym
  y        1x1           8  sym
  z        1x1           8  sym
```

例 3.2 创建符号矩阵.

```
>>A=[1/3+5,pi/4;sqrt(5),pi+exp(2)]
                        %A 是数值矩阵
A =
  5.3333   0.7854
  2.2361  10.5306
>>B=sym(A)
B =
[   16/3,                  pi/4]
[ 5^(1/2), 5928228224727581/562949953421312]
                        %B 是符号矩阵
>> double(B)            %将 B 转换成数值矩阵,即为 A
ans =
  5.3333   0.7854
  2.2361  10.5306
>>c=sym('a',[2,3])
c =
[a1_1, a1_2, a1_3]
[a2_1, a2_2, a2_3]
>> A = sym('a',[2 4])
A=
[a1_1, a1_2, a1_3, a1_4]
 [a2_1, a2_2, a2_3, a2_4]
>> A=sym('a%d%d',[2 4])
A=
[a11, a12, a13, a14]
 [a21, a22, a23, a24]
>> A =hilb(3)
A=
```

```
1.0000   0.5000   0.3333
0.5000   0.3333   0.2500
0.3333   0.2500   0.2000
>> A=sym(A)
A =
[  1, 1/2, 1/3]
[1/2, 1/3, 1/4]
[1/3, 1/4, 1/5]
```

3.1.2　符号表达式的创建

创建符号表达式，首先创建符号变量，然后使用变量进行操作．

例 3.3　定义符号表达式．

```
>>syms a b c x
>> f=a * x^2+b * x+c
 f =
 a * x^2 + b * x + c
```

在表 3-1 中列出了符号表达式的常见格式与易错写法．

表 3-1　符号表达式的常见格式与易错写法

正确格式	错误格式
syms x； x+1	sym('x+1')
exp(sym(pi))	sym('exp(pi)')
syms f(var1,…,varN)	f(var1,…,varN)=sym('f(var1,…,varN)')

3.2　符号表达式的运算

3.2.1　基本运算

1. 符号矩阵的四则运算

符号矩阵的四则运算+，-，* ，\，/和数值矩阵的四则运算完全相同。

2. 符号矩阵的其他一些基本运算

符号矩阵的其他一些基本运算和数值矩阵的运算格式相同，包括转置（'）、行列式（det）、逆（inv）、秩（rank）、幂（^）和指

视频 3.2　符号表达
式的运算

数(exp)等运算.

符号表达式的化简与替换

1. 符号表达式的因式分解

• factor(S)因式分解符号矩阵 S 的各个元素,如果 S 包含的所有元素为整数,则最佳因式分解式将被计算.

例3.4　　因式分解.

```
>>syms x
>>factor(x^9-1)
ans =
[x - 1, x^2 + x + 1, x^6 + x^3 + 1]
>> f=factor(200)
f =
   2  2  2  5  5
>> prod(f)
ans =
  200
```

可知 $x^9-1=(x-1)(x^2+x+1)(x^6+x^3+1)$,$200=2^3\times5^2$.

2. 符号表达式的展开

• expand(S)　　对符号矩阵的各个元素的符号表达式进行展开.

例3.5　　将 $(x+1)^3$ 和 $\sin(x+y)$ 展开.

解　>>syms x y
```
>>expand((x+1)^3)
ans =
    x^3+3*x^2+3*x+1
>>expand(sin(x+y))
ans =
    sin(x)*cos(y)+cos(x)*sin(y)
```

可知 $(x+1)^3=x^3+3x^2+3x+1$,$\sin(x+y)=\sin x\cos y+\cos x\sin y$.

3. 合并符号表达式的同类项

• collect(S,v)　　将符号矩阵 S 中的各个元素 v 的同幂项系数合并.

例 3.6　将 $x^2y+yx-x^2-2x$ 合并同类项.

```
>>collect(x^2 * y + y * x - x^2 - 2 * x)
ans =
      (y-1) * x^2+(y-2) * x
```

可知 $x^2y+yx-x^2-2x=(y-1)x^2+(y-2)x$.

4. 符号表达式的化简

- simplify(S)　简化符号表达式 S.

例 3.7　simplify 函数的使用.

```
>> syms x
>>simplify (cos(x)^2+sin(x)^2)
ans =
       1
>> simplify((1-x^2)/(1-x))
ans =
x + 1
```

5. 符号表达式的替换

- subs(s,old,new)　将符号表达式 s 中的 old 变量替换为 new 变量.

例 3.8　subs 函数的使用.

```
>>syms a b
>> subs(a + b, a,5)
ans =
b+5
```

例 3.9　验证三角函数等式 $\cos(a+b)=\cos a\cos b-\sin a\sin b$.

```
>>syms a b
>>y=simplify(cos(a) * cos(b)-sin(a) * sin(b))
y =
cos(a + b)
```

3.2.3　精度计算

符号表达式与数值表达式分别使用函数 digits 和函数 vpa 进行精度设置.

- digits(n)　设置 n 个有效数字的近似解精度;

● vpa(s,d)　求符号表达式 s 的数值解，该数值解的有效数字位数由 d 指定. 如果不指定 d，则求 digits 函数设置的精度的数值解.

例 3. 10　将 $\dfrac{1}{3}$ 显示 4 位有效数字，$\sqrt{7}$ 显示 8 位有效数字.

解　
```
>> digits(4);
>>a=vpa(1/3)
a =
0.3333
>>vpa(sqrt(7),8)
ans =
2.6457513
```

3. 2. 4　符号方程求解

MATLAB 中利用 solve 函数求解线性方程组的符号解析解.

● S = solve(eqn,var)　对变量 var 求解方程 eqn，若 var 缺省，默认求解一元方程；

● Y = solve(eqns,vars)　对变量 vars 求解方程组 eqns.

例 3. 11　求解方程 $ax^2+bx+c=0$.

解　
```
>> syms a b c x
>>eqn=a*x^2 + b*x + c == 0      %注意方程的表示
                                   方式

eqn =
a*x^2 + b*x + c == 0
>> S = solve(eqn)
S =
 -(b + (b^2 - 4*a*c)^(1/2))/(2*a)
 -(b - (b^2 - 4*a*c)^(1/2))/(2*a)
```

方程的解为 $x_1=-\dfrac{b+\sqrt{b^2-4ac}}{2a}$，$x_2=-\dfrac{b-\sqrt{b^2-4ac}}{2a}$.

例 3. 12　求解线性方程组

$$\begin{cases} x-\ 2y-z=4, \\ 2x-10y+z=5, \\ 3x+\ 8y\ \ \ =6. \end{cases}$$

解　
```
>> syms x y z
```

```
>>eqn1=x-2*y-z==4;
>>eqn2=2*x-10*y+z==5;
>>eqn3=3*x+8*y==6;
>> s=solve(eqn1,eqn2,eqn3,x,y,z)
s=
```

包含以下字段的 struct：

```
 x:[1×1 sym]
 y:[1×1 sym]
 z:[1×1 sym]
>>[s.x s.y s.z]
ans=
[ 12/5,-3/20,-13/10]     %得到的是解析解
```

可知方程组的解为 $x=\dfrac{12}{5}$，$y=-\dfrac{3}{20}$，$z=-\dfrac{13}{10}$.

习题 3

1. 已知 $f(x)=1/(1+x^2)$，$g(x)=\sin x$，求复合函数 $f(g(x))$.

2. 试生成一个对角元素为 a_1，a_2，a_3，a_4 的对角矩阵.

3. 化简 $\cos^2 x-\sin^2 x$，$(x+2)(x-3)(x+5)$.

4. 将 7798666 和 $-2m^8+512$ 分别进行因数分解和因式分解.

5. 将 $3a^2(x-y)^3-4b^2(y-x)^2$ 分别对 x 和 y 合并同类项.

6. 设函数 $f(x)=x^4+x^2+1$，$g(x)=x^3+4x^2+3x+5$，试进行如下运算：

(1) 化简 $f(x)+g(x)$；

(2) 化简 $f(x)g(x)$；

(3) 对 $f(x)$ 进行因式分解；

(4) 求 $g(x)$ 的反函数；

(5) 合并同类项 $f(x)g(x)$.

7. 将符号表达式 $(x+y)^2+3(x+y)+5$ 中的 $x+y$ 替换成 s.

8. 计算符号表达式 $f(x)=\sin x+e^x$ 在 $x=0$，$\dfrac{\pi}{4}$，2π 处的值.

9. 展开 $(x-2)(x-4)$，$\cos(x+y)$ 和 $e^{(x+y)^2}$.

10. 计算 $\dfrac{1+\sqrt{5}}{3}$，$\sqrt{11}$，并显示 5 位和 10 位有效数字.

11. 用符号计算验证三角等式：$\sin\phi_1\cos\phi_2-\cos\phi_1\sin\phi_2=\sin(\phi_1-\phi_2)$.

12. 创建符号函数 $f(x)=ax^2+bx+c$，并求符号方程 $f(x)=0$ 的解.

在处理一些实际问题时，人们很难直接从大量的数据中感受其具体含义，使用图形表示数据的某些特征，有助于研究问题、发现规律、揭示本质. MATLAB 提供了一系列绘图命令函数，具有很方便的绘制图形功能. 本章主要介绍平面曲线、空间曲线和空间曲面的绘图命令使用方法.

本章介绍 MATLAB 绘制二维和三维图形的方法.

4.1　二维图形

4.1.1　二维曲线

视频 4.1　二维图形

二维图形是在 X-Y 平面上绘制的图形，主要是由一些基本图形元素组成，如点、直线、圆、多边形等几何元素. MATLAB 系统提供了绘制曲线函数 plot. 由于 MATLAB 作图是通过描点、连线来实现的，故在绘制曲线之前，需要先取图形上的一系列点的坐标，即横坐标与纵坐标，然后利用 plot 函数绘制曲线.

● plot(X,Y, LineSpec)　X 和 Y 都是向量，则它们的长度必须相同. 绘制以数据(X_i,Y_i)为节点的折线图. 其中 LineSpec 用于设置线型、标记符号和颜色，如表 4-1 所示；

● plot(X1,Y1,LineSpec1,…,Xn,Yn,LineSpecn)　同时绘制多条折线，相当于绘制 plot(X1,Y1,LineSpec1),…,plot(Xn,Yn,LineSpecn).

注：表 4-1 中属性可以全部指定，也可以只指定其中某几个，并且排列顺序任意.

表 4-1　图形的线型、标记符号和颜色

选项	说明	选项	说明	选项	说明
r	红色	g	绿色	w	白色
y	黄色	c	青色	b	蓝色
m	紫色	k	黑色	*	星号

（续）

选项	说明	选项	说明	选项	说明
.	点	d	菱形	>	右三角
o	圆圈	p	五角形	–	实线
x	叉号	v	下三角	--	虚线
+	加号	^	上三角	:	点线
s	方形	<	左三角	-.	点划线

数学上，绘制区间 $[a,b]$ 上的函数 $y=f(x)$ 的图形步骤如下：

- 找点：在 x 轴上找点 $x_1, x_2, x_3, \cdots$；
- 计算函数值：计算这些点处的函数值 $y_1=f(x_1)$，$y_2=f(x_2)$，$y_3=f(x_3)$，$\cdots$；
- 描点：在坐标系中画出这些离散点；
- 连线：用直线或曲线连接这些点，得到函数的大致图形.

在 MATLAB 中，绘制平面图形可以采用以下步骤：

- 给出 x 轴上的离散点列：x = [a:step:b]；
- 计算函数值：y=f(x)；
- 绘图：plot(x,y)

例 4.1　绘制 0 到 2π 之间的正弦函数图像.

```
>>x=0:pi/20:pi*2;
>>y=sin(x);
>>plot(x,y,'r-*')    %设置线型是实线,标记点是型号,
                       颜色是红色
```

得到图形如图 4-1 所示.

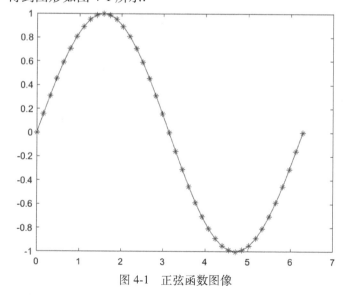

图 4-1　正弦函数图像

4.1.2 图形的属性

MATLAB 可以用 subplot 划分绘图区域，调用格式如下：

- subplot(m,n,p)　将一个绘图窗口分割成 m*n 个子区域，并按行从左至右依次编号. p 表示第 p 个绘图子区域.

例 4.2　使用 subplot 绘图.

```
>>x=-pi:pi/10:pi;
>> subplot(2,2,1);plot(x,sin(x));
>> subplot(2,2,2);plot(x,cos(x));
>> subplot(2,2,3);plot(x,x.^2);
>> subplot(2,2,4);plot(x,exp(x));
```

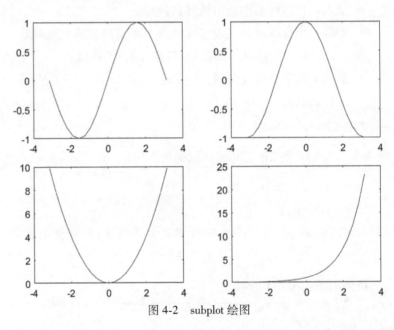

图 4-2　subplot 绘图

在绘制图形的过程中，若对图形加一些说明，如图形名称、曲线标注、坐标轴显示等，一种方法是使用 MATLAB 图形命令进行处理，表 4-2 给出了常用图形说明命令；另外一种方法是，可以在图形操作窗口下，选择菜单栏中 Insert 选项，再按提示进行操作即可.

表 4-2　常用图形命令

命令	意义	命令	意义
title	添加图形标题	legend	添加图例
xlabel	添加 x 坐标轴标注	hold on	保持当前窗口的图像
ylabel	添加 y 坐标轴标注	hold off	关闭图形保持功能
axis	指定当前坐标区的范围	grid on	对图形加网格控制
text	添加数据点标注	figure	新建绘图窗口

例 4.3　常用图形命令.

```
>>x = linspace(0,2*pi,100);
>>y1= sin(x);
>>y2=cos(x);
>>plot(x,y1,'r-',x,y2,'k:')
>>axis([0 2*pi -1 1])
>>title('正弦和余弦曲线')
>>xlabel('x')
>>ylabel('y')
>>text(pi,0,'\leftarrow sin(x)')
>>text(pi/2,0,'\leftarrow cos(x)')
>>legend('sin(x)','cos(x)')
```

得到的图形如图 4-3 所示.

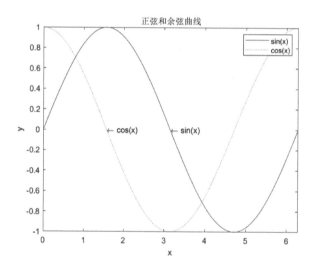

图 4-3　正弦曲线和余弦曲线

例 4.4　随机抽取了 11 个城市居民家庭关于日收入与支出的样本,数据如表 4-3 所示,请绘制出日收入 x 与日支出 y 的关系图.

表 4-3　日收入 x 与日支出 y 的关系

日收入 x/元	82	93	105	130	144	150	160	180	270	300	400
日支出 y/元	75	85	92	105	120	130	145	156	200	200	240

解　>>x=[82 93 105　130 144 150 160 180 270 300 400];

```
>>y=[75 85 92 105  120 130 145 156 200 200 240];
>>plot(x,y,'bo')
>>title('城市居民家庭日收入与日支出情况')
>>xlabel('日收入 x(元)')
>>ylabel('日支出 y(元)')
>>grid on
```

得到关系图如图 4-4 所示.

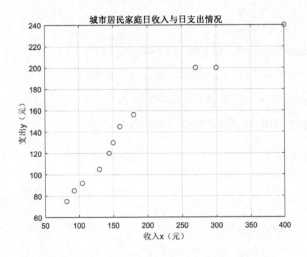

图 4-4　城市居民家庭日收入与日支出情况

4.1.3　符号函数绘图

● fplot(f, xinterval, LineSpec)　　在指定区间 xinterval = [xmin xmax]绘制由函数 y = f(x)定义的曲线, LineSpec 设置线型、标记符号和线条颜色, 如表 4-1 所示.

fplot 的绘图数据点是自适应产生的. 在函数平坦处, 所取数据点比较稀疏; 在函数变化剧烈处, 它将自动取较密的数据点.

例 4.5　绘制参数化曲线 $\begin{cases} x = \cos 3t, \\ y = \sin 2t. \end{cases}$

解　
```
>>xt=@(t) cos(3*t);
>>yt=@(t) sin(2*t);
>>fplot(xt,yt)
```

运行后得到的图形如图 4-5 所示.

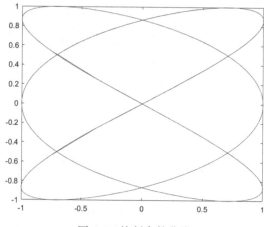

图 4-5　绘制参数曲线

例 4.6　绘制分段函数 $y=\begin{cases} e^x, & -3<x<0, \\ \cos x, & 0\leqslant x<3. \end{cases}$

解　
```
>>fplot(@(x)exp(x),[-3 0],'b')
>>hold on
>>fplot(@(x)cos(x),[0 3],'b')
>>hold off
>>grid on
```

运行后得到的图形如图 4-6 所示.

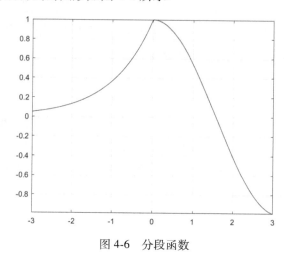

图 4-6　分段函数

例 4.7　利用 plot、fplot 函数绘制 $\sin\dfrac{1}{x}$ 在 $[-1,1]$ 上的图像，并做比较.

解　
```
>>subplot(2,1,1)
>>x=-1:.1:1;y=sin(1./x);
>>plot(x,y)
>>subplot(2,1,2)
```

```
>>fplot(@(x)sin(1./x),[-1,1])
```

运行后得到的图形如图 4-7 所示.

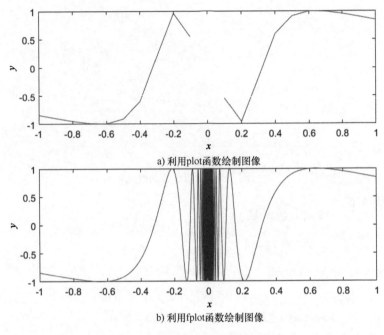

a) 利用plot函数绘制图像

b) 利用fplot函数绘制图像

图 4-7 利用 plot、fplot 函数绘图

从图 4-7 可以看出 plot 函数根据指定的数据点, 但是 $\sin\dfrac{1}{x}$ 在 $x=0$ 处没有意义, 所以不能绘出 $x=0$ 处的点. 对于导数变化比较大的函数, 用 fplot 比 plot 指令要更真实.

4.1.4 其他绘图函数

● polar(t,r,'s') 在极坐标下绘制图形, t 为极角 theta, r 为极径 rho, s 表示线条的线型、标记符号和颜色等, s 可省略;

● fill(X,Y,ColorSpec) 填充 X 和 Y 指定的二维多边形(颜色由 ColorSpec 指定), 其他绘图函数如表 4-4 所示.

例 4.8 绘制心形线和四叶玫瑰线.

解
```
>>clf
>>t=0:pi/100:6*pi;
>> s1=2*sin(2*t); s2=2*(1-cos(t));
>> subplot(1,2,1)
>>polar(t,s1,'.')
>>title('心形线')
>>subplot(1,2,2)
>>polar(t,s2)
```

```
>>title('四叶玫瑰线')
```

运行后得到的图形如图 4-8 所示.

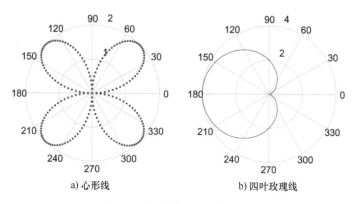

a) 心形线　　　　　　　b) 四叶玫瑰线

图 4-8　心形线和四叶玫瑰线

例 4.9　　使用 fill 函数创建一个红色八边形.

解　
```
>>t=(1/16:1/8:1)'*2*pi;
>>x=cos(t);y=sin(t);
>>fill(x,y,'r')
>>axis square
```

运行后得到的图形如图 4-9 所示.

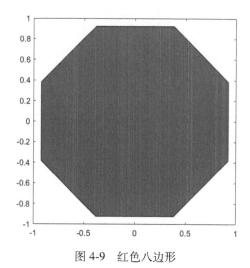

图 4-9　红色八边形

表 4-4　其他绘图函数

函数名	功　　能	函数名	功　　能
area	填充面积图	pie	圆饼图
bar	条形图	plotmatrix	散点图矩阵
barh	水平柱图	ribbon	以三维带形式画二维线

（续）

函数名	功　能	函数名	功　能
comet	二维彗星图	stem	火柴杆图
errorbar	误差条形图	stairs	台阶图
gplot	以图论方式绘图	clabel	等高线图仰角标签
quiver	场图	polar	极坐标图

4.2　三维图形

4.2.1　三维曲线

视频 4.2　三维图形

- plot3(X, Y, Z, LineSpec)　绘制三维空间中的坐标，其中 X，Y，Z 为 3 个大小相同的向量，LineSpec 为定义线型的字符串，形式同 plot 函数；
- plot3(X1, Y1, Z1, LineSpec1, ..., Xn, Yn, Zn, LineSpecn)　可为每个 X、Y、Z 三元组指定特定的线型、标记和颜色. 可以对某些三元组指定 LineSpec，而对其他三元组省略它.

绘制三维曲线的方法同平面曲线的类似，属性设置如表 4-1 和表 4-2 所示.

例 4.10　绘制螺旋线.

解　
```
>>t=0:0.5:10*pi;
>>x=t;y=sin(t);z=cos(t);
>>plot3(x,y,z,'.-')
>>title('螺旋线')
>>xlabel('x');ylabel('y');zlabel('z')
```

运行后得到的图形如图 4-10 所示.

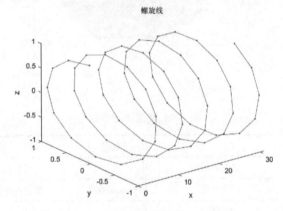

图 4-10　螺旋线

例 4.11　绘制蓝宝石项链图.

解　
```
>>t=0:0.02*pi:2*pi;
>>x=sin(t); y=cos(t); z=cos(2*t);
>>plot3(x,y,z,'bd-')
>>box on
>>view([-82,58])
>>legend('链','宝石')
```

运行后得到的图形如图 4-11 所示.

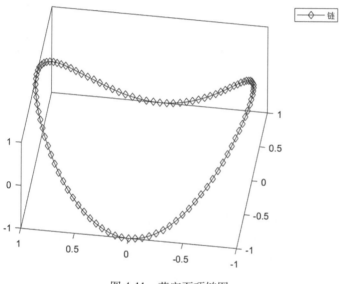

图 4-11　蓝宝石项链图

4.2.2　三维曲面

MATLAB 中利用 meshgrid、mesh 和 surf 函数可以方便地绘制三维曲面图形. 在 MATLAB 中绘制由函数 $z=z(x,y)$ 确定的曲面时, 首先利用 meshgrid 产生一个网格矩阵, 然后计算函数在各网格点上的值, 再利用 mesh 和 surf 函数绘制曲面图形. 调用格式如下:

● $[X,Y]=$ meshgrid(x,y)　x, y 为给定的向量, X, Y 是网格划分后得到的网格矩阵;

　　若 x=y, 则可简写为$[X,Y]=$ meshgrid(x);

● mesh(X,Y,Z,C)　绘制由 X, Y, Z, C 所确定的网格曲面图;

● surf(X,Y,Z,C)　绘制由矩阵 X, Y, Z, C 所确定的曲面图, 参数含义同 mesh. mesh 绘制网格图, surf 绘制着色的三维表面图.

例 4.12 使用向量 x 定义的 x 坐标和向量 y 定义的 y 坐标创建二维网格坐标，并在二维网格上计算函数 $z = x^2 + y^2$.

   解
```
>>x=1:2;
>>y=1:3;
>>[X,Y]=meshgrid(x,y)
X =
    1      2
    1      2
    1      2
Y =
    1      1
    2      2
    3      3
>>Z=X.^2 + Y.^2
Z =
    2      5
    5      8
   10     13
```

    例 4.12 中用直线 $x = 1$，$x = 2$，$y = 1$，$y = 2$，$y = 3$ 对 $[1,2] \times [1,3]$ 进行网格划分，得到网格点 $(1,1)$，$(1,2)$，$(1,3)$，$(2,1)$，$(2,2)$，$(2,3)$，如图 4-12 所示. 例 4.12 中的 X 和 Y 是同型矩阵，分别存储网格点的横坐标和纵坐标. 利用 X 和 Y 的点幂运算计算网格点对应的函数值矩阵 Z，即 X 中的 (i,j) 元素和 Y 中的 (i,j) 元素进行计算得到 Z 中的元素 (i,j)，如当 X(3,1) = 1，Y(3,1) = 3 时，Z(3,1) = 10. Z 也和 X、Y 是同型矩阵.

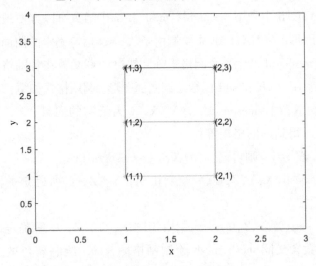

图 4-12   meshgrid 绘制二维网格

例 4.13

（1）利用 mesh 绘制巴拿马草帽：$z = \dfrac{\sin\sqrt{x^2+y^2}}{\sqrt{x^2+y^2}}$，$x \in [-8,8]$，$y \in [-8,8]$；

（2）利用 surf 绘制椭球面：$x = 3\sin\varphi\cos\theta$，$y = 2\sin\varphi\sin\theta$，$z = \cos\varphi$，其中 $0 \leqslant \varphi \leqslant \pi$，$0 \leqslant \theta \leqslant 2\pi$.

解　（1）
```
>>x=[-8:0.5:8];y=[-8:0.5:8];
>>[X,Y]=meshgrid(x,y);
>>r=sqrt(X.^2+Y.^2)+eps;Z=sin(r)./r;
>>mesh(X,Y,Z)
>>title('巴拿马草帽')
>>xlabel('x');ylabel('y');zlabel('z')
```

运行后得到的图形如图 4-13a 所示.

（2）
```
>>clear
>>r=linspace(0,pi,100);t=linspace(0,2*pi,
100);
>>[r,t]=meshgrid(r,t);
>>X=3*sin(r).*cos(t);Y=2*sin(r).*
sin(t);Z=cos(r);
>>surf(X,Y,Z)
>>axis equal
>>xlabel('x');ylabel('y');zlabel('z')
>>title('椭球面')
```

运行后得到的图形如图 4-13b 所示.

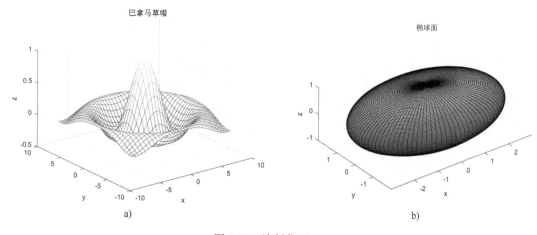

图 4-13　绘制曲面

例 4.14   作出锥面 $x^2+y^2=z^2$ 和柱面 $(x-1)^2+y^2=1$ 相交的图形.

解   锥面的参数方程为 $\begin{cases} x=r\cos t, \\ y=r\sin t, \\ z=r, \end{cases}$ $t\in[0,2\pi]$，$r\in\mathbf{R}$，柱面的

参数方程为 $\begin{cases} x=1+\cos u, \\ y=\sin u, \\ z=v, \end{cases}$ $u\in[0,2\pi]$，$v\in\mathbf{R}$.

```
>>t=0:0.1:2*pi; r=-3:0.1:3;
>>[t,r]=meshgrid(t,r);
>>x=r.*cos(t); y=r.*sin(t); z=r;
>>mesh(x,y,z)
>>hold on
>>u=-pi:0.1:pi;  v=-3:0.1:3;
>>[u,v]=meshgrid(u,v);
>>x1=1+cos(u); y1=sin(u); z1=v;
>>mesh(x1,y1,z1)
```

运行后得到的图形如图 4-14 所示.

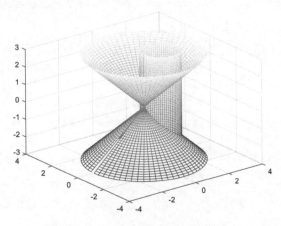

图 4-14　锥面和柱面的相交图形

例 4.15   作出莫比乌斯带的图形，莫比乌斯带的参数方程为

$$\begin{cases} x=\left(1+r\cos\dfrac{t}{2}\right)\cos t, \\[2mm] y=\left(1+r\cos\dfrac{t}{2}\right)\sin t, \quad r\in\left[-\dfrac{1}{2},\dfrac{1}{2}\right], \ t\in[0,2\pi]. \\[2mm] z=r\sin\dfrac{t}{2}, \end{cases}$$

解　>>r=-1/2:0.1:1/2;t=0:0.03:2*pi;

　　>>[r,t]=meshgrid(r,t);

　　>>x=(1+r.*cos(t/2)).*cos(t);y=(1+r.*

　　cos(t/2)).*sin(t);z=r.*sin(t/2);

　　>>surf(x,y,z)

运行后得到的图形如图 4-15 所示.

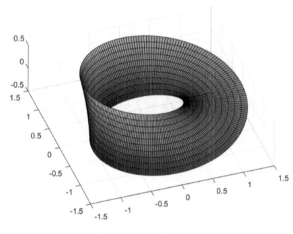

图 4-15　莫比乌斯带

前面作出的曲面都是双侧曲面，它们可以分出内、外侧或左、右侧等，莫比乌斯带是单侧曲面，它没有内外侧和左右侧之分.

4.2.3　三维网图的高级处理

1. 消隐处理：hidden on | off 设置或取消图形消隐. 该语句一定要放在绘图语句之后，否则不起作用；

2. 带有等位线投影的网图绘制：meshc；

3. 平台式网图的绘制：meshz；

4. 水线图的绘制：waterfall.

例 4.16　三维网图的高级处理.

解　>> load logo

　　>> mesh(L)

　　>>figure

　　>>[X,Y,Z] = peaks(30); waterfall(X,Y,Z)

运行后得到的图形如图 4-16 所示.

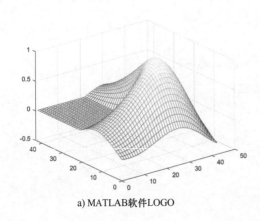
a) MATLAB软件LOGO

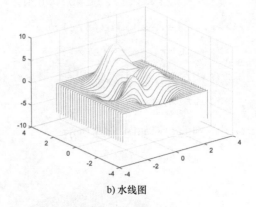
b) 水线图

图 4-16   三维网图

4.2.4   三维等高线图的绘制

• contour3(Z)   创建一个包含矩阵 Z 的等值线的三维等高线图，其中 Z 包含 x–y 平面上的高度值. MATLAB 会自动选择要显示的等高线.

例 4.17   绘制等高线图.

解   ```
>>[X,Y]=meshgrid(-5:0.25:5);
>>Z=X.^2+Y.^2;
>>contour3(Z)
```

运行后得到的图形如图 4-17 所示.

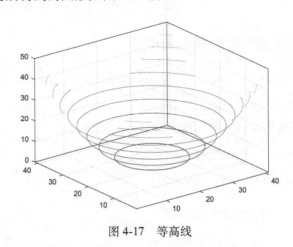

图 4-17   等高线

### 4.2.5   三维旋转体的绘制

**1. 柱面图**

• [X,Y,Z]=cylinder(r,n)    基于向量 r 定义的剖面曲线返
```

回柱面的 x、y 和 z 坐标. 该圆柱绕其周长有 n 个等距点.

例 4.18　绘制单位圆柱.

解　>>cylinder

运行后得到的图形如图 4-18 所示.

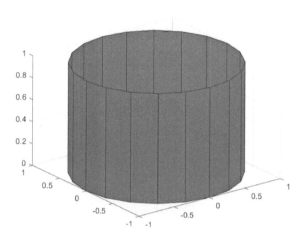

图 4-18　单位圆柱

例 4.19　生成剖面函数 $2+\sin t$ 定义的柱面.

解　>>t=0:pi/10:2*pi;

>>figure

>>[X,Y,Z] = cylinder(2+sin(t));

>>surf(X,Y,Z)

>>axis square

运行后得到的图形如图 4-19 所示.

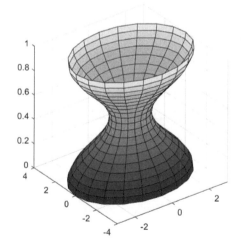

图 4-19　圆柱面

2. 球面图

- $[X, Y, Z]$ = sphere (n)　　在当前图窗中绘制 n×n 球面的 surf 图.

例 4.20　绘制单位球面.

解　>> sphere(100)

运行后得到的图形如图 4-20 所示.

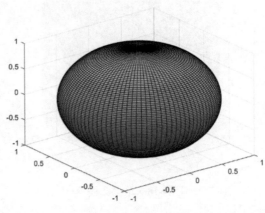

图 4-20　球面图

习题 4

1. 把正切函数 tan$x$ 和反正切函数 arctan$x$ 的图形及其水平渐近线 $y = -\pi/2$, $y = \pi/2$ 用不同的线形画在同一个坐标系内,并用 legend 标注.

2. 绘制下列曲线:

(1) $y = \dfrac{100}{1+x^2}$;　　(2) $y = \dfrac{1}{2\pi}\mathrm{e}^{\frac{x^2}{2}}$;

(3) $x^2+y^2=1$;　　(4) $\begin{cases} x = t^2, \\ y = 5t^3. \end{cases}$

3. 绘制星形线 $x = 2\cos^3 t$, $y = 2\sin^3 t\,(0 \leqslant t \leqslant 2\pi)$ 和摆线 $x = 2(t-\sin t)$, $y = 2(1-\cos t)\,(0 \leqslant t \leqslant 4\pi)$ 的图形,并用 figure 命令在不同的窗口显示.

4. 绘制极坐标方程 $\rho = 2(1-\cos\theta)$ 的曲线的图形.

5. 在区间 $[-3,3]$ 上作以下分段函数的图形:

$$f(x) = \begin{cases} x^2, & x \leqslant 0, \\ \mathrm{e}^x/4, & x > 0. \end{cases}$$

6. 绘制球面 $x^2+y^2+z^2 = 16$.

7. 绘制曲面 $z = \sqrt{x^2+y^2}$, $x \in [-10,10]$, $y \in [-10,10]$.

8. 绘制曲面 $z = \sin x^2 \sin y^2$, $x \in [-5,5]$, $y \in [-5,5]$.

9. 用 mesh 和 surf 函数绘制曲面 $z = x^2+y^2/4$,并利用 subplot 命令将图形显示在同一窗口.

10. 正螺面的参数方程为 $x = u\cos v$, $y = u\sin v$, $z = v/3\,(-1 \leqslant u \leqslant 1,\ 0 \leqslant v \leqslant 8)$. 作出它的图形.

第 5 章
MATLAB程序设计

MATLAB 语言称为第四代编程语言，程序简洁、可读性强，而且调试十分容易.

它提供了两种运行方式：

（1）命令行方式直接在命令窗口输入命令来实现计算或绘图功能；

（2）M 文件方式作为高级语言，它可以进行控制流的程序设计，把程序写成一个由多行命令组成的程序文件，即程序扩展名为 .m 的 M 文件，文件形式是存储的，可调试，重复运行，适合求解复杂问题.

本章介绍 MATLAB 的 M 文件、数据的输入与输出和程序结构.

5.1 M 文件

简单的命令可以在 MATLAB 命令窗口中输入运行，直接得到运算结果. 在进行复杂运算时，在命令行窗口调试程序或修改指令是不方便的. MATLAB 提供了 M 文件编辑器，将代码写在 M 文件中，然后运行文件即可.

视频 5.1　M 文件

M 文件根据调用方式的不同分为脚本（Script）文件（也称为命令文件）和函数（Function）文件，都是以 .m 为扩展名，并且创建的 M 文件名要避免与 MATLAB 的内置函数和工具箱中的函数重名.

新建 M 文件有以下几种方法：

（1）在工具栏中单击"新建脚本"，即可创建一个新的 M 文件；

（2）依次选择"主页"｜"新建"菜单命令，然后选择"脚本"或"函数"，即可创建脚本文件或函数文件；

（3）在命令窗口中执行"edit"命令，即可创建一个新的 M 文件.

代码编写完毕后，可以单击工具栏中的"运行"按钮，或按 F5 快捷键，可执行整个 M 文件.

脚本文件

脚本文件是一系列命令的集合，实际上就是将在命令窗口中逐行输入的命令放在 M 文件中，MATLAB 会按文件中命令的顺序依次执行. 脚本文件在运行过程中可以调用 MATLAB 工作域内所有的数据，且所产生的所有变量均为全局变量.

例 5.1　　编写一个脚本文件将华氏温度转化为摄氏温度，其表达式为 $c = \dfrac{5}{9}(f - 32)$.

解　　MATLAB 命令如下：

```
clear;
f=input('Please input Fahrenheit temperature:');
c=5*(f-32)/9;
fprintf('The centigrade temperature is %g \n',c);
```

运行结果为：

```
Please input Fahrenheit temperature:95   %键盘输入
                                  95 后回车

The centigrade temperature is 35
```

函数文件

为了实现计算中的参数传递，需要用到函数文件. 与脚本文件不同，函数文件有一定的格式. 函数文件是以第一行 function 语句为标志的. 格式为

$$\text{function 输出变量} = \text{函数名}(\text{输入变量})$$
$$\text{函数体语句}$$

当函数具有多个输出变量时以方括号括起，当函数具有多个输入变量时直接用圆括号括起，例如 function [xx, yy, zz] = sphere(varargin)；当函数不含输出变量时，则直接略去输出部分或采用方括号表示，例如 functionlimit(f) 或者 function [ ] = limit(f).

下面以 MATLAB 的函数文件 rank.m 为例，来说明函数文件的各个部分. 在命令行窗口输入：

```
>>type rank
```

命令行窗口将显示函数文件 rank 的内容为：

```
function r = rank(A,tol)      %函数定义行
%RANK   Matrix rank.          %H1 行
%   RANK(A) provides an estimate of the number of
linearly                     %函数帮助文本
%   independent rows or columns of a matrix A.
                                     %注释行
%   RANK(A,TOL) is the number of singular values of A
%   that are larger than TOL. By default, TOL =
max(size(A)) * eps(norm(A)).
%   Class support for input A:
%   float: double, single
%   Copyright 1984-2015 The MathWorks, Inc.

s = svd(A);                   %函数体语句
ifnargin==1
  tol = max(size(A)) * eps(max(s));
end
r = sum(s > tol);
```

rank. m 是 MATLAB 自带的函数，我们也可以根据自己的需要编写一些函数. 函数文件必须遵循以下规则：

（1）由 function 开头；

（2）函数名必须与文件名相同；

（3）在命令行窗口调用函数，调用函数时需要给输入变量赋值.

在函数文件中，除了函数定义行和函数体语句外，其他部分都是可以省略的，不是必须有的. 但作为一个函数，为了提高函数的可用性，应加上 H1 行和函数帮助文本，当在 MATLAB 命令行窗口执行"help 函数文件名"时，可显示出 H1 行和函数帮助文本；为了提高函数的可读性，加上适当的注释.

需要注意：M 文件最好直接放在 MATLAB 的默认搜索路径下，这样就不用设置 M 文件的路径了，否则应当重新设置路径. 另外，M 文件名不应该与 MATLAB 的内置函数名以及工具箱中的函数重名，以免发生执行错误命令的现象.

例 5.2　计算函数 $z = 5(y-x)^2 + (1-x)^3$ 在 $(2,1)$ 处的值.

解　新建函数文件 f52. m，MATLAB 命令如下：

```
function z=f52(x,y)
z=5*(y-x)^2+(1-x)^3;
```

运行结果为

```
>>z=f52(2,1)
z=
    4
```

可得函数 $z=5(y-x)^2+(1-x)^3$ 在 $(2,1)$ 处的值为 4.

例5.3　计算第 n 个斐波那契(Fibonnaci)数.

　解　新建函数文件 fib. m，MATLAB 命令如下：

```
function f=fib(n)
if n>2
    f=fib(n-1)+fib(n-2);
else
    f=1;
end
```

在命令行窗口调用函数：

```
>> f=fib(10)
f=
    55
```

可得第 n 个斐波那契数是 55.

5.1.3　匿名函数

匿名函数是快速建立简单函数的方法，它只包含一个 MATLAB 表达式，可以有多个输入和输出. 如果不需要将函数写成函数文件，可以建立匿名函数.

匿名函数的定义格式为

$$handle=@(inarglist)expr$$

匿名函数的调用格式为

$$var=handle(inarglist)$$

其中 handle 是调用匿名函数时使用的函数名；inarglist 是输入参数列表，各参数间用逗号","隔开；expr 是一个变量表达式.

例5.4　创建用于计算平方数的匿名函数的句柄.

　解　`>>sqr=@(x) x.^2;`

```
>>sqr(3)
ans =
     9
```

变量 sqr 是一个函数句柄. @运算符创建句柄, @运算符后面的圆括号( )包括函数的输入参数.

例 5.5　创建带有多个输入或输出的函数.

解　
```
>>myfunction=@(x,y) (x^2 + y^2 + x * y);
>>z = myfunction(10,3)
z =
     139
```

5.2　数据的输入与输出

5.2.1　数据的输入

MATLAB 中在"主页"选项卡中单击"导入数据", 可以读取数据文件. 数据文件类型如下:

视频 5.2　数据的
输入与输出

- 表: 将所选数据导入为表;
- 列向量: 将所选数据的每一列导入为单个 m×1 向量;
- 数值矩阵: 将所选数据导入为 m×n 数值数组;
- 字符串数: 组将所选数据导入为 m×n 字符串数组;
- 元胞数组: 将所选数据导入为可包含多种数据类型的元胞数组, 例如数值数据和文本.

在编写程序时, 为使程序更具灵活性, 有时需要程序提示用户输入满足某种条件的数值或字符串, 这时可以使用 input 函数实现; 在实际问题中会碰到大量的数据, 利用 load 函数输入数据文件可以方便操作, 提高效率. 函数的调用格式如下:

- x = input(prompt)　提示输入数值, prompt 是提示信息;
- str = input(prompt, 's ')　提示输入字符串, prompt 是提示信息, 's'指定输入内容为字符串.

例 5.6　请求一个数值输入, 然后将该输入乘以 10.

解　
```
>>prompt = 'What is the original value?';
>>x=input(prompt)
>>y=x * 10
```

5.2.2 数据的输出

MATLAB 提供的命令行窗口输出函数有 disp 和 fprintf. 其中，disp 函数用于输出变量值到命令行窗口，而 fprintf 函数输出指定格式的数据到命令行窗口或指定的文件中，它们的调用格式如下：

- disp(X)　输出变量 X 的值到命令窗口；
- fileID = fopen(filename, permission)　将打开由 permission 指定访问类型的文件(见表 5-1)；
- fprintf(fileID, formatSpec, A1,..., An)　将指定格式的数组 A1,..., An 按列顺序写入到 fileID 中. 当 fileID 缺省时，写入数据到命令窗口，其中，fileID 是文件标识符，formatSpec 是输出字段的格式(见表 5-2)，A1,..., An 是数值数组或字符数组；
- fclose(fileID)关闭打开的文件.

表 5-1　fopen 函数中文件访问类型 permission

类型	描　述	类型	描　述
'r'	打开要读取的文件	'r+'	打开要读写的文件
'w'	打开或创建要写入的新文件，放弃现有内容(如果有)	'w+'	打开或创建要读写的新文件，放弃现有内容(如果有)
'a'	打开或创建要写入的新文件，追加数据到文件末尾	'a+'	打开或创建要读写的新文件，追加数据到文件末尾

表 5-2　fprintf 函数中的格式码 formatSpec

格式码	描　述	格式码	描　述
%d	整数格式	%g	更紧凑的%e 或%f
%e	带小写字母 e 的科学计数格式	%s	输出字符串
%E	带大写字母 E 的科学计数格式	\n	开始新的一行
%f	小数格式	\t	制表符

例 5.7　输出数据到命令行窗口.

解　
```
>>A =[15 150];
>>S = 'Hello World.';
>>disp(A)
  15   150
>>disp(S)
Hello World.
>> a =[1.02 3.04 5.06];
```

```
>>fprintf('%d\n',round(a));
1
3
5
```

例 5.8　计算一个球的体积.

　　解　MATLAB 命令如下:

```
r=input('Type radius 输入半径:');
Area=pi*r^2;
volume=(4/3)*pi*r^3;
fprintf('半径 The radius is %12.5f\n',r)
fprintf('面积 The area of a circle is %12.5f\n',
Area)
fprintf('体积 The volume of a sphere is %12.5f\n',
volume)
```

例 5.9　将指数函数的短表写入到名为 exp.txt 的文本文件.

　　解　MATLAB 命令如下:

```
x = 0:.1:1;
A =[x; exp(x)];
fileID = fopen('exp.txt','w');
%创建并打开文本文件 exp.txt
fprintf(fileID,'%6s %12s\n','x','exp(x)');
%输出标题文本 x 和 exp(x)到 exp.txt
fprintf(fileID,'%6.2f %12.8f\n',A);
%输出变量 A 的值到 exp.txt
fclose(fileID);              %关闭文本文件 exp.txt
```

运行该文件后,可以在命令行窗口通过 type 命令查看文件的内容.

```
>>type exp.txt
 x    exp(x)
0.00  1.00000000
0.10  1.10517092
0.20  1.22140276
0.30  1.34985881
0.40  1.49182470
```

```
0.50  1.64872127
0.60  1.82211880
0.70  2.01375271
0.80  2.22554093
0.90  2.45960311
1.00  2.71828183
```

5.3 程序结构

视频 5.3 程序结构

MATLAB 语言的程序结构与其他高级语言是一致的, 分为顺序结构、分支结构和循环结构.

5.3.1 顺序结构

顺序结构是最简单的程序结构, 在编写好程序后, 系统依次按照程序的物理位置顺序执行程序的各条语句, 因此, 这种程序比较容易编写. 但是, 由于程序结构比较单一, 实现的功能也比较有限.

例 5.10 输入 x, y 的值, 并将它们的值互换后输出.

解 MATLAB 命令如下:

```
clear
x=input('please input x:')
y=input('please input y:')
z=x;x=y;y=z;
disp(x)
disp(y)
```

5.3.2 分支结构

分支结构是根据一定条件选择执行不同的语句, 有 if 分支结构和 switch 分支结构.

1. if 分支结构

分为以下三种情况.

格式一: 单分支语句

```
if 逻辑表达式
  执行语句
end
```

这种程序结构比较简单，它只有一个判断语句，当表达式为真时就执行 if 和 end 之间的语句，否则不执行.

格式二：双分支语句

```
if 逻辑表达式
 执行语句 1
else
 执行语句 2
end
```

如果逻辑表达式为真，就执行语句 1；否则，系统就执行语句 2.

格式三：多分支语句

```
if 逻辑表达式 1
 执行语句 1
else if 逻辑表达式 2
执行语句 2
elseif 逻辑表达式 3
执行语句 3
……
else
执行语句 n
 end
```

在这种形式中，当运行到程序的某一逻辑表达式为真时，则执行与之有关的语句，此时系统将不再检验其他的逻辑表达式，即系统跳过其余的 if-else-end 结构.

例 5.11　输入一个百分制成绩，要求输出成绩等级 A、B、C、D、E. 其中 90~100 分为 A，80~89 分为 B，70~79 分为 C，60~69 分为 D，59 分以下为 E.

解　MATLAB 命令如下：

```
clear
s=input('please input the score:')
if s>=90&s<=100
   rank='A';
elseif s>=80&s<=89
   rank='B';
```

```
elseif s>=70&s<=79
    rank='C';
elseif s>=60&s<=69
    rank='D';
elseif s>0&s<=59
    rank='E';
else
    rank='wrong score'
end
rank
```

例 5.12 已知函数

$$f(x)=\begin{cases}x^2, & x<0, \\ e^x, & 0\leqslant x<2, \\ \ln x, & x\geqslant 2.\end{cases}$$

求 $f(-1)$，$f(1)$，$f(4)$.

解 新建函数文件 f. m，MATLAB 命令为

```
function y=f(x)
if x<0
    y=x^2;
elseif x>=0&&x<2
    y=exp(x);
else
    y=log(x);
end
```

在命令行窗口分别运行 y=f(-1)，y=f(1)，y=f(4)，

```
>>y=f(-1)
y=
    1
>> y=f(1)
y=
    2.7183
>> y=f(4)
y=
    1.3863
```

得到 $f(-1)=1$，$f(1)=2.7183$，$f(4)=1.3863$.

2. switch 分支结构

switch 语句根据变量或表达式的取值不同，分别执行不同的语句. 格式为

```
switch 表达式
   case 值 1
      语句组 1
   case 值 2
      语句组 2
   ……
   case 值 m
      语句组 m
   otherwise
      语句组 m+1
end
```

其中分支条件可以是一个函数、变量或表达. 如果条件 1 与分支条件匹配就执行语句 1，退出循环；否则，检验条件 2，如果条件 2 与分支条件匹配就执行语句 2，退出循环；否则，检验条件 3，…，当所有条件都不与分支条件匹配时就执行最后的语句. 注意：otherwise 是可以省略的.

例 5.13　从键盘输入一个数字，判断它能否被 5 整除.

解　MATLAB 命令为

```
n=input('请输入一个数字 n=')
switch mod(n,5)
case 0
   fprintf('n 是 5 的倍数',n)
otherwise
   fprintf('n 不是 5 的倍数',n)
end
```

运行结果为

```
请输入一个数字 n= 36   %键盘输入 36 后回车
n =
    36
n 不是 5 的倍数
```

例 5.14　某商场对顾客所购买的商品实行打折销售，标准如下(商品价格用 x 来表示)：

$$price = \begin{cases} 无折扣, & x<200, \\ 3\%折扣, & 200 \leqslant x <500, \\ 5\%折扣, & 500 \leqslant x <2000, \\ 10\%, & 2000 \leqslant x. \end{cases}$$

输入所售商品的价格, 求其实际销售价格.

解 MATLAB 命令如下:

```
clear
price=input('请输入商品价格:');
switch fix(price/100)
  case {0,1}
    rate=0;
  case {2,3,4}
    rate=3/100;
  case {5:20}
    rate=5/100;
  otherwise
    rate=10/100;
end
price=price*(1-rate)
```

运行结果为

```
请输入商品价格:1800
price =
    1620
```

5.3.3 循环结构

循环结构重复执行一组语句, 是计算机解决问题的主要手段.

1. for 循环

for 循环变量=初值:步长:终值

　　循环体

end

例 5.15 求 20!.

解 MATLAB 命令如下:

```
clear; r=1;
for k=1:20
```

```
    r=r*k;
  end
r
```

运行结果为

```
r =
  2.4329e+18
```

可得 $20! = 2.4329 \times 10^{18}$.

例 5.16　作出分段函数 $f(x) = \begin{cases} \sin x, & x \leqslant 0, \\ e^x - 1, & x > 0 \end{cases}$ 的图形.

解　MATLAB 命令如下：

```
y=[];
for x=-4:0.1:4
  if x<=0
    y=[y,sin(x)];
  end
  if x>0
    y=[y,exp(x)-1];
  end
end
x=-4:0.1:4;
plot(x,y)
```

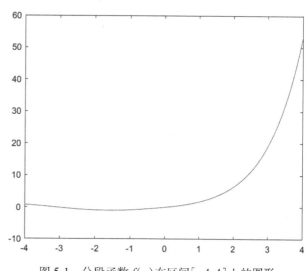

图 5-1　分段函数 $f(x)$ 在区间 $[-4,4]$ 上的图形

运行后得到图 5-1.

2. while 循环

```
    while （条件）
          循环体
    end
```

注：while 语句一般用于事先不能确定循环次数的情况.

例 5.17　求斐波那契数列前 100 项和 s.

解　MATLAB 命令如下：

```
clear
F=[ ];F(1)=1;F(2)=1;
i=3;
s=F(1)+F(2);
while i<=100
```

```
F(i)=F(i-1)+F(i-2);
s=s+F(i);
i=i+1;
end
s
```

运行结果为

```
 s =
9.2737e+20
```

可得 $s = 9.2737 \times 10^{20}$.

例 5.18 计算 $s = \sum\limits_{n=1}^{500} \dfrac{1}{n}$.

解　MATLAB 命令如下：

```
clear
s=0;
for n=1:500
    s=s+1/n;
end
s
```

运行结果为

```
s =
 6.7928
```

也可以利用 while 循环语句得到，命令如下：

```
clear;s=0;n=1;
while n<=500
 s=s+1/n;
 n=n+1;
end
s
```

可得 $s = \sum\limits_{n=1}^{500} \dfrac{1}{n} = 6.7928$.

注：在使用循环语句时，如果不小心陷入了死循环，可以使用快捷键 Ctrl+C 强行中断.

5.3.4　程序优化技术

MATLAB 是解释型语言，计算速度较慢，所以在编程时如何

提高程序的运行速度是需要考虑的问题. 优化程序运行可采用以下方法:

1. 循环向量化

MATLAB 是以矩阵为基础的算法, 因此有些循环可直接转换成向量或矩阵运算, 可提高程序的执行速度; 有些函数内部已经采用了向量化处理, 使用这些向量化函运行效率比较高.

例 5.19　利用比较循环法和向量法求 $y = \sin x$ 在点 $x = [0 : .01 : 100]$ 处的值所花费的时间.

　　解　MATLAB 命令如下:

```
tic                     %启动秒表计时器来测量性能,函数会
                          记录执行 tic 命令时的内部时间
i=0;
for t=0:.01:100
    i=i+1;y(i)=sin(t);  %循环法
end
toc
tic
t=0:.01:100;
y=sin(t);               %向量法
toc                     %使用 toc 函数显示已用时间
```

运行结果为

历时 0.004141 秒.

历时 0.001776 秒.

可见利用向量法可以节省时间.

例 5.20　将例 5.19 使用向量化函数提高运行速度.

　　解　MATLAB 命令如下:

```
clear
tic
s=0;
n=1:500;
s=sum(1./n)
toc
```

运行结果为

历时 0.000284 秒.

利用向量化函数能够提高运行速度.

2. 预分配内存

利用预分配可减少程序运行时间. 一般在程序设计中, 经常会涉及循环重复, 每次循环至少会得到一个结果元素(如 $y(k)$). 通过对 y 预分配, 可免去每次增大 y 的操作, 从而大大地减少计算时间.

例 5.21 预分配内存举例.

解 MATLAB 命令如下:

```
tic
i=0;
y=zeros(1,10000);
for t=0:.01:100
    i=i+1;y(i)=sin(t);
end
toc
```

运行结果为

历时 0.001706 秒.

可见利用预分配可以减少计算时间.

3. 在语句后面加分号

MATLAB 在运行 M 文件的时候, 会不停地在命令窗口里面输出没有加分号语句返回的值, 因为输出结果也是需要消耗时间的, 所以这样会使运行的速度非常慢. 为此在语句后面应当加上分号. 如果想查看结果的话, 可以在程序运行最后添加结果输出的语句.

习题 5

1. 什么是 M 文件? 如何建立并执行一个 M 文件?

2. 什么是函数文件? 如何定义和调用函数文件?

3. 为了提高程序的执行效率, 可采用哪些措施?

4. 有一函数 $z = x^2 + \sin xy + 2e^y$, 写一个程序, 输入自变量的值, 输出函数值.

5. 分别用 for、while 和 sum 函数编写程序, 求

$$\sum_{n=1}^{10} \frac{\sqrt{5}}{2^n}.$$

6. 分别用 for、while 和 sum 函数计算 $K = \sum_{i=0}^{63} 2^i$.

7. 编写 M 文件求和 $s = 1+2+3+\cdots+n$.

8. 编写一个解决数论问题的函数文件: 取任意整数, 若是偶数, 则除以 2, 否则乘 3 加 1, 重复此过程, 直到整数变为 1.

9. 求 $[120,220]$ 之间第一个能被 17 整除的整数.

10.（闰年的判断）判断闰年的条件有两个：能被 4 整除，但不能被 100 整除；或者能被 4 整除，又能被 400 整除．任意输入一个年份，判断输入年份是否是闰年，并输出"是闰年"或"不是闰年"．

11. 编写 M 文件求 1000 以内所有的素数．

12. 编写 M 文件求所有的"水仙花数"．所谓"水仙花数"是指一个三位数，其各位数字的立方和等于该数本身．例如，153 是一个水仙花数，因为 $153 = 1^3 + 5^3 + 3^3$．

应用篇

线性代数是代数学的一个分支，在数学、物理学、化学、医学和生产管理中有着广泛而重要的应用. 线性代数所体现的几何观念与代数方法之间的联系，从具体概念抽象出来的公理化方法以及严谨的逻辑论证、巧妙的归纳综合等，对于强化人们的数学训练是非常有用的.

随着科学的发展，我们不仅要研究单个变量之间的关系，还要进一步研究多个变量之间的关系，各种实际问题在大多数情况下可以线性化，而由于计算机的发展，线性化的问题又可以被计算出来，线性代数正是解决这些问题的有力工具. 线性代数的计算方法也是计算数学里一个很重要的内容.

本章主要通过利用 MATLAB 求解线性代数的相关问题，加深对线性代数基本概念、理论和方法的理解，并以简单的线性代数案例来了解线性代数的应用.

6.1 线性方程组

设有 n 个未知数 m 个方程的线性方程组

$$\begin{cases} a_{11}x_1+a_{12}x_2+\cdots+a_{1n}x_n=b_1, \\ a_{21}x_1+a_{22}x_2+\cdots+a_{2n}x_n=b_2, \\ \quad\quad\quad\quad\vdots \\ a_{m1}x_1+a_{m2}x_2+\cdots+a_{mn}x_n=b_m, \end{cases}$$

视频 6.1 线性方程组

可以写成以向量 x 为未知元的向量方程

$$Ax=b, \tag{6-1}$$

其中，

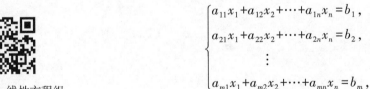

$$A=\begin{pmatrix} a_{11} & a_{12} & \cdots & a_{1n} \\ a_{21} & a_{22} & \cdots & a_{2n} \\ \vdots & \vdots & & \vdots \\ a_{m1} & a_{m2} & \cdots & a_{mn} \end{pmatrix}, \quad x=\begin{pmatrix} x_1 \\ x_2 \\ \vdots \\ x_n \end{pmatrix}, \quad b=\begin{pmatrix} b_1 \\ b_2 \\ \vdots \\ b_m \end{pmatrix}.$$

若 $b = 0$，则式(6-1)是齐次线性方程组；若 $b \neq 0$，则式(6-1)是非齐次线性方程组.

> **定理 6.1**　n 元线性方程组
> $$Ax = b$$
> （1）无解的充分必要条件是 $R(A) < R(A, b)$；
> （2）有唯一解的充分必要条件是 $R(A) = R(A, b) = n$；
> （3）有无穷多解的充分必要条件是 $R(A) = R(A, b) < n$.

克拉默法则　若 n 元线性方程组 $Ax = b$ 的系数矩阵 A 是方阵，且 $|A| \neq 0$，则方程组有唯一解，且

$$x_1 = \frac{|A_1|}{|A|}, x_2 = \frac{|A_2|}{|A|}, \cdots, x_n = \frac{|A_n|}{|A|}.$$

其中 $A_j (j = 1, 2, \cdots, n)$ 是把系数矩阵 A 中第 j 列用方程组右端的常数项 b 代替后的矩阵.

在线性方程组求解的过程中，会用到行列式的计算、方阵求逆、矩阵的秩和矩阵阶梯化等问题. 这些问题都可由 MATLAB 进行处理.

6.1.1　行列式的计算

在 MATLAB 中，$\det(A)$ 可以计算方阵 A 的行列式.

例 6.1　计算方阵 $A = \begin{pmatrix} 3 & 1 & -1 \\ -5 & 1 & 3 \\ 2 & 0 & 1 \end{pmatrix}$ 的行列式 $|A|$.

解　
```
>>clear
>>A=[3 1 -1; -5 1 3; 2 0 1];
>>det(A)
ans =

   16
```
可得 $|A| = 16$.

例 6.2　计算矩阵 $A = \begin{pmatrix} a & b & c \\ a & a+b & a+b+c \\ a & 2a+b & 3a+2b+c \end{pmatrix}$ 的行列式 $|A|$.

解　
```
>>clear;
>>syms a b c
>>A=[a b c;a a+b a+b+c;a 2*a+b 3*a+2*b+c];
```

```
>>det(A)
ans =
   a^3
```

可得 $|A| = a^3$.

6.1.2 矩阵阶梯化

在 MATLAB 中, rref(A)可以求矩阵 A 的行最简形.

例 6.3　已知矩阵 $A = \begin{pmatrix} 3 & 1 & 0 & 2 \\ 1 & -1 & 2 & -1 \\ 1 & 3 & -4 & 4 \end{pmatrix}$, 求 A 的行最简形.

解
```
>>format rat
>> A=[3 1 0 2;1 -1 2 -1;1 3 -4 4];
>>rref(A)
ans =
   1      0      1/2      1/4
   0      1      -3/2     5/4
   0      0       0        0
```

可知矩阵 A 的行最简形是 $B = \begin{pmatrix} 1 & 0 & \dfrac{1}{2} & \dfrac{1}{4} \\ 0 & 1 & -\dfrac{3}{2} & \dfrac{5}{4} \\ 0 & 0 & 0 & 0 \end{pmatrix}$.

6.1.3 矩阵的秩

在 MATLAB 中, 可以用 rank(A)直接求矩阵 A 的秩, 也可以用 rref(A)间接求矩阵 A 的秩.

例 6.4　求例 6.3 中 A 的秩.

解　方法 1　利用 rank 法.

```
>>A=[3 1 0 2;1 -1 2 -1;1 3 -4 4];
>>rank(A)
ans =
   2
```

方法 2　利用 rref 法.

已知例 6.3 中行最简形 B 的非零行的行数是 2, 可知 B 的秩为 2; 因为 A 和 B 等价, 可知 A 的秩也为 2.

6.1.4　逆矩阵

在 MATLAB 中，可以用 inv(A) 直接求方阵 A 的逆矩阵，也可以用 rref(A,E) 求方阵 A 的逆矩阵，其中 E 是与 A 同阶的单位矩阵.

例 6.5　求例 6.1 的逆矩阵.

解　方法 1　利用 inv 法.

```
>>format rat
>>A=[3 1 -1; -5 1 3; 2 0 1];
>> inv(A)
ans =
    1/16    -1/16     1/4
   11/16     5/16    -1/4
    -1/8      1/8     1/2
```

方法 2　利用 rref 法.

```
>>B=[ A,eye(3)];
>>rref(B)
>>ans =

1    0    0     1/16    -1/16     1/4
0    1    0    11/16     5/16    -1/4
0    0    1     -1/8      1/8     1/2
```

可知矩阵 $\boldsymbol{A}$ 的逆矩阵存在，且 $\boldsymbol{A}^{-1}=\begin{pmatrix} \dfrac{1}{16} & -\dfrac{1}{16} & \dfrac{1}{4} \\[2mm] \dfrac{11}{16} & \dfrac{5}{16} & -\dfrac{1}{4} \\[2mm] -\dfrac{1}{8} & \dfrac{1}{8} & \dfrac{1}{2} \end{pmatrix}$.

6.2　线性方程组求解

线性方程组包括齐次线性方程组和非齐次线性方程组. 非齐次线性方程组的通解等于对应的齐次线性方程组的通解加上非齐次线性方程组的一个特解.

在 MATLAB 中，可以用 null(A) 得到齐次线性方程组 $\boldsymbol{Ax = 0}$ 的基础解系；可以用 inv、rank、null、左除(\)等命令求解非齐次

视频 6.2　线性方
程组求解

线性方程组.

例 6.6　求解齐次线性方程组 $\begin{cases} x_1+2x_2+2x_3+ x_4=0, \\ 2x_1+ x_2-2x_3-2x_4=0, \\ x_1- x_2-4x_3-3x_4=0. \end{cases}$

解　方法 1　先求出系数矩阵 A 的行最简形矩阵，再求解.

```
>>clear
>>A=[1 2 2 1;2 1 -2 -2;1 -1 -4 -3];
>>format rat
>>B=rref(A)
B=

  1    0    -2    -5/3
  0    1    2     4/3
  0    0    0     0
```

即得与原方程组同解的方程组

$$\begin{cases} x_1-2x_3-5x_4/3=0, \\ x_2+2x_3+4x_4/3=0, \end{cases}$$

由此即得

$$\begin{cases} x_1= 2x_3+5x_4/3, \\ x_2=-2x_3-4x_4/3, \end{cases}$$

写出向量形式，得到通解

$$\begin{pmatrix} x_1 \\ x_2 \\ x_3 \\ x_4 \end{pmatrix} = c_1 \begin{pmatrix} 2 \\ -2 \\ 1 \\ 0 \end{pmatrix} + c_2 \begin{pmatrix} 5/3 \\ -4/3 \\ 0 \\ 1 \end{pmatrix}, c_1, c_2 \in \mathbf{R}.$$

方法 2　先求出齐次线性方程组的基础解系，再求解.

```
>>clear
>>A=[1 2 2 1;2 1 -2 -2;1 -1 -4 -3];
>> null(A,'r')
ans=

  2        5/3
  -2       -4/3
  1        0
  0        1
```

即得方程组的基础解系

$$\boldsymbol{\xi}_1 = \begin{pmatrix} 2 \\ -2 \\ 1 \\ 0 \end{pmatrix}, \boldsymbol{\xi}_2 = \begin{pmatrix} \dfrac{5}{3} \\ -\dfrac{4}{3} \\ 0 \\ 1 \end{pmatrix}.$$

得到方程组的通解 $\boldsymbol{x} = c_1\boldsymbol{\xi}_1 + c_2\boldsymbol{\xi}_2$，$c_1$，$c_2 \in \mathbf{R}$.

例 6.7　求解方程组 $\begin{cases} x_1 - x_2 + x_3 - x_4 = 1, \\ -x_1 + x_2 + x_3 - x_4 = 1, \\ 2x_1 - 2x_2 - x_3 + x_4 = -1. \end{cases}$

解　首先计算系数矩阵和增广矩阵的秩，判断方程组解的结构.

```
>>clear;
>>a=[1 -1 1 -1;-1 1 1 -1;2 -2 -1 1]; b=[1;1;-1];
>>r1=rank(a)          %系数矩阵的秩
r1 =
    2
>>r2=rank([a,b])      %增广矩阵的秩
r2 =
    2
```

计算表明，系数矩阵和增广矩阵的秩都为 2，小于变量的个数 4，说明原方程组有无穷组解. 下面给出了求原方程组的通解的几种方法.

方法 1　用 rref 命令化为行最简形求解.

```
>>clear;
>>a=[1 -1 1 -1;-1 1 1 -1;2 -2 -1 1]; b=[1;1;-1];
>>rref([a,b])
ans =
    1   -1    0    0    0
    0    0    1   -1    1
    0    0    0    0    0
```

由上述行最简形得到方程组

$$\begin{cases} x_1 - x_2 = 0, \\ x_3 - x_4 = 1, \end{cases} \quad \text{即} \quad \begin{cases} x_1 = x_2, \\ x_2 = x_2, \\ x_3 = x_4 + 1, \\ x_4 = x_4. \end{cases}$$

可知原方程组的通解为

$$\begin{pmatrix} x_1 \\ x_2 \\ x_3 \\ x_4 \end{pmatrix} = c_1 \begin{pmatrix} 1 \\ 1 \\ 0 \\ 0 \end{pmatrix} + c_2 \begin{pmatrix} 0 \\ 0 \\ 1 \\ 1 \end{pmatrix} + \begin{pmatrix} 0 \\ 0 \\ 1 \\ 0 \end{pmatrix}, \ 其中 \ c_1, \ c_2 \ 为任意常数.$$

方法 2　由于非齐次线性方程组的通解等于齐次线性方程组的通解加非齐次线性方程组的一个特解，可以用 null 命令求对应的齐次线性方程组的一个基础解系.

```
>>clear;
>>a=[1 -1 1 -1;-1 1 1 -1;2 -2 -1 1]; b=[1;1;-1];
>>x0=a\b            %非齐次线性方程组的一个特解
>>x1=null(a,'r')    %齐次线性方程组的通解
```

结果为

```
x0 =
  0
  0
  1
  0
x1 =
  1    0
  1    0
  0    1
  0    1
```

原方程组的通解为

$$\begin{pmatrix} x_1 \\ x_2 \\ x_3 \\ x_4 \end{pmatrix} = c_1 \begin{pmatrix} 1 \\ 1 \\ 0 \\ 0 \end{pmatrix} + c_2 \begin{pmatrix} 0 \\ 0 \\ 1 \\ 1 \end{pmatrix} + \begin{pmatrix} 0 \\ 0 \\ 1 \\ 0 \end{pmatrix}, \ 其中 \ c_1, \ c_2 \ 为任意常数.$$

例 6.8　求解线性方程组 $\begin{cases} x_1 - x_2 - x_3 = 2, \\ 2x_1 - x_2 - 3x_3 = 1, \\ 3x_1 + 2x_2 - 5x_3 = 1. \end{cases}$

解　该方程组的系数矩阵 A 是方阵，可以先计算 $|A|$.

```
>> A=[1 -1 -1;2 -1 -3;3 2 -5];
>> D=det(A)
```

```
D =
3.0000
```

可得系数行列式 $|A|=3$, 由克拉默法则可知方程组有唯一解; 也可利用逆矩阵求解.

方法 1　克拉默法则.

```
>> format rat
>> b=[2;1;1];
>> A1=[b,A(:,[2 3])];        %b代替A中第1列
>> A2=[A(:,1),b,A(:,3)];     %b代替A中第2列
>> A3=[A(:,[1 2]),b];        %b代替A中第3列
>>x1=det(A1)/D
x1=
  17/3
>>x2=det(A2)/D
x2=
  1/3
>>x3=det(A3)/D
x3=
  10/3
```

方法 2　逆矩阵法.

```
>>x=inv(A)*b
x=
  17/3
  1/3
  10/3
```

可知方程组的解为 $\begin{cases} x_1=\dfrac{17}{3}, \\ x_2=\dfrac{1}{3}, \\ x_3=\dfrac{10}{3}. \end{cases}$

6.3　矩阵的相似对角化

定义　设 A 为 n 阶矩阵, 如果存在 n 阶可逆矩阵 P, 使得 $P^{-1}AP=D$ 为对角矩阵, 则称 A 可以相似对角化.

6.3.1 向量组的线性相关性

视频 6.3　矩阵的
相似对角化

在 MATLAB 中,可以利用 rank(A)判断线性相关性,利用 rref(A)求一个极大无关组.

<hr>

例 6.9

设向量组 $\boldsymbol{\alpha}_1 = \begin{pmatrix} 1 \\ 0 \\ 2 \\ 1 \end{pmatrix}$, $\boldsymbol{\alpha}_2 = \begin{pmatrix} 1 \\ 2 \\ 0 \\ 1 \end{pmatrix}$, $\boldsymbol{\alpha}_3 = \begin{pmatrix} 2 \\ 1 \\ 3 \\ 0 \end{pmatrix}$, $\boldsymbol{\alpha}_4 = \begin{pmatrix} 2 \\ 5 \\ -1 \\ 4 \end{pmatrix}$,

$\boldsymbol{\alpha}_5 = \begin{pmatrix} 1 \\ -1 \\ 3 \\ -1 \end{pmatrix}$,

(1)求向量组的秩,判断向量组的线性相关性;

(2)求向量组的一个极大无关组,将向量组中其余向量用极大无关组线性表示.

解　先将向量组构造出一个矩阵

$$A = (\boldsymbol{\alpha}_1, \boldsymbol{\alpha}_2, \boldsymbol{\alpha}_3, \boldsymbol{\alpha}_4, \boldsymbol{\alpha}_5) = \begin{pmatrix} 1 & 1 & 2 & 2 & 1 \\ 0 & 2 & 1 & 5 & -1 \\ 2 & 0 & 3 & -1 & 3 \\ 1 & 1 & 0 & 4 & -1 \end{pmatrix}.$$

(1) >> A=[1 1 2 2 1;0 2 1 5 -1;2 0 3 -1 3;1 1 0 4 -1]
　　>> rank(A)
　　ans =
　　　　3

因为向量组的秩=矩阵 A 的秩=3<5,所以向量组线性相关;

(2) >> [B,j]=rref(A)
　　B =
　　1　0　0　1　0
　　0　1　0　3　-1
　　0　0　1　-1　1
　　0　0　0　0　0
　　j =
　　　1　2　3

由 j 可知 A 中的第 1、2 和 3 列是一个极大无关组,即向量 $\boldsymbol{\alpha}_1$, $\boldsymbol{\alpha}_2$, $\boldsymbol{\alpha}_3$ 是一个极大无关组. 由 B 可知 $\boldsymbol{\alpha}_4 = \boldsymbol{\alpha}_1 + 3\boldsymbol{\alpha}_2 - \boldsymbol{\alpha}_3$, $\boldsymbol{\alpha}_5 = -\boldsymbol{\alpha}_2 + \boldsymbol{\alpha}_3$.

6.3.2　特征值

工程技术中的一些问题，如振动问题和稳定性问题，常可归结为求一个方阵的特征值和特征向量的问题. 在 MATLAB 中，eig(A)可以计算方阵 A 的特征值.

例 6.10　求 $A = \begin{pmatrix} 7 & 3 & -2 \\ 3 & 4 & -1 \\ -2 & -1 & 3 \end{pmatrix}$ 的特征值和特征向量.

解　　>> A=[7 3 -2;3 4 -1;-2 -1 3]

```
A =
   7    3   -2
   3    4   -1
  -2   -1    3
>> [V,D]=eig(A)
V =
   0.5774   -0.0988   -0.8105
  -0.5774    0.6525   -0.4908
   0.5774    0.7513    0.3197
D =
   2.0000        0        0
        0   2.3944        0
        0        0   9.6056
```

可知 A 的特征值是 $\lambda_1 = 2$，$\lambda_2 = 2.3944$，$\lambda_3 = 9.6056$. 对应于 λ_1，λ_2，λ_3 的特征向量分别是 $(0.5774, -0.5774, 0.5774)^{\mathrm{T}}$，$(-0.0988, -0.6525, 0.7513)^{\mathrm{T}}$，$(-0.8105, -0.4908, 0.3197)^{\mathrm{T}}$.

6.3.3　方阵的相似对角化

定理 6.2　n 阶矩阵 A 能相似对角化的充分必要条件是 A 有 n 个线性无关的特征向量.

推论　如果 n 阶矩阵 A 的 n 个特征值互不相等，则 A 能对角化.

根据定理 1 和推论 1，判断方阵 A 是否可以相似对角化可以由 A 的特征向量来判断，在 MATLAB 中可以利用 rank(A)和 eig(A)进行判断.

例 6.11   判断下列矩阵 A 是否可以相似对角化，若可以相似对角化，则求出可逆矩阵 P 和对角矩阵 D，使得 $P^{-1}AP=D$.

$$(1)\ A=\begin{pmatrix} 2 & -2 & 0 \\ -2 & 1 & -2 \\ 0 & -2 & 0 \end{pmatrix};\qquad (2)A=\begin{pmatrix} -1 & 1 & 0 \\ -4 & 3 & 0 \\ 1 & 0 & 2 \end{pmatrix}.$$

解　(1) 　>> A=[2 -2 0;-2 1 -2;0 -2 0]

　　　　>> [V,D]=eig(A)

　　　　V =

　　　　　　-0.3333　　0.6667　　-0.6667

　　　　　　-0.6667　　0.3333　　0.6667

　　　　　　-0.6667　　-0.6667　　-0.3333

　　　　D =

　　　　　-2.0000　　　0　　　　　0

　　　　　　0　　　1.0000　　　　0

　　　　　　0　　　　0　　　　4.0000

可知 A 有三个特征值互不相等，所以 A 能够相似对角化. 矩阵 V 可逆，取 $P=V$，使得 $P^{-1}AP=D$.

(2) 　>> A=[-1 1 0;-4 3 0;1 0 2]

　　　　>> [V,D]=eig(A)

　　　　V =

　　　　　　　0　　　0.4082　　0.4082

　　　　　　　0　　　0.8165　　0.8165

　　　　　1.0000　　-0.4082　　-0.4082

　　　　D =

　　　　　2　0　0

　　　　　0　1　0

　　　　　0　0　1

　　　　>> rank(V)

　　　　ans =

　　　　　2

得到 V 的秩为 2，可知三阶矩阵 A 只有 2 个线性无关的特征向量，所以 A 不能相似对角化.

例 6.12   城市道路网中每条道路、每个交叉路口的车流量调查，是分析、评价及改善城市交通状况的基础. 根据实际车流量信息可以设计流量控制方案，必要时设置单行线，以免大量车辆长时间拥堵.

图 6-1 所示是某城市的交通图. 每一条道路都是单行道，图中数字表示某一个时段的机动车流量(单位：辆). 针对每一个十字路口，进入和离开的车辆数相等.

(1) 建立确定每条道路流量的线性方程；

(2) 为了唯一确定未知流量，还需要增添哪几条道路的流量统计?

(3) 当 $x_4 = 150$ 时，确定 x_1、x_2、x_3 的值.

请计算每两个相邻十字路口间路段上的交通流 $x_i(i=1,2,3,4)$.

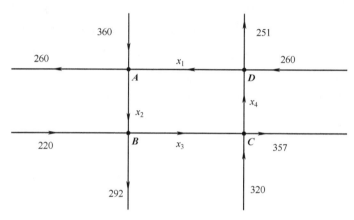

图 6-1　单行道 4 节点交通图

解　根据已知条件，得到各节点的流通方程

A：$x_1 + 360 = x_2 + 260$；

B：$x_2 + 220 = x_3 + 292$；

C：$x_3 + 320 = x_4 + 357$；

D：$x_4 + 260 = x_1 + 251$.

(1) 整理得方程组为

$$\begin{cases} x_1 - x_2 & = -100, \\ x_2 - x_3 & = 72, \\ x_3 - x_4 & = 37, \\ -x_1 \quad\quad + x_4 & = -9. \end{cases}$$

(2) 在命令行窗口输入

```
>>A=[1,-1,0,0;0,1,-1,0;0,0,1,-1;-1,0,0,1];
>>b=[-100;72;37;-9];
>>B=rref([A,b])
B =
   1    0    0   -1    9
   0    1    0   -1  109
```

$$\begin{matrix} 0 & 0 & 1 & -1 & 37 \\ 0 & 0 & 0 & 0 & 0 \end{matrix}$$

得到方程组的解为 $\begin{cases} x_1 & = x_4 + 9, \\ x_2 & = x_4 + 109, \\ x_3 & = x_4 + 37. \end{cases}$

为了唯一确定未知流量，只要增加 x_4 统计的值即可.

（3）当 $x_4 = 150$ 时，确定 $x_1 = 159$，$x_2 = 259$、$x_3 = 187$.

例6.13 （人口迁徙问题）假设一个城市的总人口数固定不变，但人口的分布情况变化如下：每年都有5%的市区居民搬到郊区；而有15%的郊区居民搬到市区. 若开始有700000人口居住在市区，300000人口居住在郊区. 请分析：

（1）10年后市区和郊区的人口各是多少？

（2）30年后、50年后市区和郊区的人口各是多少？

（3）分析（2）中数据的原因.

解 令人口变量

$$X_n = \begin{pmatrix} x_n \\ y_n \end{pmatrix},$$

其中，x_n 为市区人口，y_n 为郊区人口. 在第 $n+1$ 年的人口分布状态为

$$\begin{cases} x_{n+1} = 0.95x_n + 0.15y_n, \\ y_{n+1} = 0.05x_n + 0.85y_n, \end{cases}$$

用矩阵乘法表示为

$$X_{n+1} = \begin{pmatrix} x_{n+1} \\ y_{n+1} \end{pmatrix} = \begin{pmatrix} 0.95 & 0.15 \\ 0.05 & 0.85 \end{pmatrix} \begin{pmatrix} x_n \\ y_n \end{pmatrix} = AX_n, \quad n \in \mathbf{N}.$$

其中，$X_0 = \begin{pmatrix} x_0 \\ y_0 \end{pmatrix} = \begin{pmatrix} 700000 \\ 300000 \end{pmatrix}$，可以得到 n 年后市区和郊区的人口分布

$$X_n = AX_{n-1} = A^2 X_{n-2} = \cdots = A^n X_0.$$

（1）10年后的人口分布可用MATLAB求解：

```
>> A=[0.95,0.15;0.05,0.85];
>> X0=[700000;300000];
>> X10=A^10 * X0
X10 =
 1.0e+05 *
 7.4463
```

2.5537

可知 $x_{10} = 744630$，$y_{10} = 255370$. 即 10 年后市区和郊区的人口各是 744630 和 255370.

（2）30 年和 50 年后的人口分布可用 MATLAB 求解：

```
>> A=[0.95,0.15;0.05,0.85];
>> X0=[700000;300000];
>> X30=A^30*X0
X30 =
 1.0e+05 *
 7.4994
 2.5006
>> X50=A^50*X0
X50 =
 1.0e+05 *
 7.5000
 2.5000
```

可知 $x_{30} = 749940$，$y_{30} = 250060$，即 30 年后市区和郊区的人口各是 749940 和 250060；$x_{50} = 750000$，$y_{50} = 250000$，即 50 年后市区和郊区的人口各是 750000 和 250000.

（3）要求 A^n，需要将 A 对角化.

```
>> [V,D]=eig(A)
V =
 0.9487  -0.7071
 0.3162   0.7071
D =
 1.0000    0
    0    0.8000
```

可知存在可逆矩阵 $V = \begin{pmatrix} 0.9487 & -0.7071 \\ 0.3162 & 0.7071 \end{pmatrix}$，使得 $A = VDV^{-1}$，其中 $D = \begin{pmatrix} 1 & 0 \\ 0 & 0.8 \end{pmatrix}$. 则有

$$A^n = VDV^{-1}VDV^{-1} \cdots VDV^{-1} = VD^n V^{-1},$$

即

$$X_n = A^n X_0 = VD^n V^{-1} X_0.$$

随着 n 增大，0.8^n 越接近于零，$D^n = \begin{pmatrix} 1^n & 0 \\ 0 & 0.8^n \end{pmatrix}$ 越接近于

$$B = \begin{pmatrix} 1 & 0 \\ 0 & 0 \end{pmatrix}.$$

```
>> [V,D]=eig(A);
>> B=[1 0;0 0];
>> X0=[700000;300000];
>>Xn=V*B*inv(V)*X0
Xn=
 1.0e+05 *
 7.5000
 2.5000
```

可知 X_n 趋于一个常数，即 $x_n = 750000$，$y_n = 250000$。

习题 6

1. 计算下列各行列式：

(1) $\begin{vmatrix} 6 & 8 & 0 \\ 0 & 2 & 1 \\ 4 & 0 & 3 \end{vmatrix}$；

(2) $\begin{vmatrix} 4 & 1 & 2 & 4 \\ 1 & 2 & 0 & 2 \\ 10 & 5 & 2 & 0 \\ 0 & 1 & 1 & 7 \end{vmatrix}$；

(3) $\begin{vmatrix} -ab & ac & ae \\ bd & -cd & de \\ bf & cf & -ef \end{vmatrix}$；

(4) $\begin{vmatrix} a & 1 & 0 & 0 \\ -1 & b & 1 & 0 \\ 0 & -1 & c & 1 \\ 0 & 0 & -1 & d \end{vmatrix}$。

2. 已知 $A = \begin{pmatrix} 0 & 1 & 2 \\ -7 & 0 & 1 \\ 3 & 5 & 7 \end{pmatrix}$，$B = \begin{pmatrix} 1 & 0 & 8 \\ 0 & 3 & -4 \\ 4 & 6 & 0 \end{pmatrix}$，求

$A+B$，AB，BA，$A \backslash B$，A^6。

3. 对于 $AX=B$，如果 $A = \begin{pmatrix} 4 & 9 & 2 \\ 7 & 6 & 4 \\ 3 & 5 & 7 \end{pmatrix}$，$B = \begin{pmatrix} 37 \\ 26 \\ 28 \end{pmatrix}$，

求解 X。

4. 用克拉默法则解下列方程组：

(1) $\begin{cases} x_1 + x_2 + x_3 + x_4 = 5, \\ x_1 + 2x_2 - x_3 + 4x_4 = -2, \\ 2x_1 - 3x_2 - x_3 - 5x_4 = -2, \\ 3x_1 + x_2 + 2x_3 + 11x_4 = 0; \end{cases}$

(2) $\begin{cases} 5x_1 + 6x_2 = 1, \\ x_1 + 5x_2 + 6x_3 = 0, \\ x_2 + 5x_3 + 6x_4 = 0, \\ x_3 + 5x_4 = 1. \end{cases}$

5. 求下列齐次线性方程组的一个基础解系：

(1) $\begin{cases} x_1 + x_2 + 2x_3 - x_4 = 0, \\ 2x_1 + x_2 + x_3 - x_4 = 0, \\ 2x_1 + 2x_2 + x_3 + 2x_4 = 0; \end{cases}$

(2) $\begin{cases} 3x_1 + 4x_2 - 5x_3 + 7x_4 = 0, \\ 2x_1 - 3x_2 + 3x_3 - 2x_4 = 0, \\ 4x_1 + 11x_2 - 13x_3 + 16x_4 = 0, \\ 7x_1 - 2x_2 + x_3 + 3x_4 = 0. \end{cases}$

6. 求解下列非齐次线性方程组：

(1) $\begin{cases} 4x_1 + 2x_2 - x_3 = 2, \\ 3x_1 - x_2 + 2x_3 = 10, \\ 11x_1 + 3x_2 = 8; \end{cases}$

$$(2)\begin{cases}2x_1+ x_2- x_3+ x_4 =1, \\ 3x_1-2x_2+ x_3-3x_4 =4, \\ x_1+4x_2-3x_3+5x_4 =-2.\end{cases}$$

7. λ 取何值时，非齐次线性方程组

$$\begin{cases}\lambda x_1+ x_2+ x_3 =1, \\ x_1+\lambda x_2+ x_3 =\lambda, \\ x_1+ x_2+\lambda x_3 =\lambda^2\end{cases}$$

（1）有唯一解？（2）无解？（3）有无穷多个解？

8. 非齐次线性方程组

$$\begin{cases}-2x_1+ x_2+ x_3 =-2, \\ x_1-2x_2+ x_3 =\lambda, \\ x_1+ x_2-2x_3 =\lambda^2.\end{cases}$$

试问当 λ 取何值时该方程组有解？并求出它的全部解.

9. 求下列向量组的秩，并求出一个极大无关组，且将其余向量用极大无关组线性表示.

$$(1)\ a_1=\begin{pmatrix}1\\2\\-1\\4\end{pmatrix},\ a_2=\begin{pmatrix}9\\100\\10\\4\end{pmatrix},\ a_3=\begin{pmatrix}-2\\-4\\2\\-8\end{pmatrix};$$

$$(2)\ a_1=\begin{pmatrix}1\\2\\1\\3\end{pmatrix},\ a_2=\begin{pmatrix}4\\-1\\-5\\-6\end{pmatrix},\ a_3=\begin{pmatrix}1\\-3\\-4\\-7\end{pmatrix}.$$

10. 求下列矩阵的特征值，并将其对角化.

$$(1)\begin{pmatrix}1&1&2\\2&0&1\\3&4&0\end{pmatrix};\qquad(2)\begin{pmatrix}1&4&2\\0&-3&4\\0&4&3\end{pmatrix}.$$

11. 假设某购房者向银行贷款的金额为 M_0，银行的月利率为 a，贷款期限为 n 月，每月还款金额为 M_n，则计算公式为

$$M_n=\frac{aM_0}{1-(1+a)^{-n}}.$$

（1）某购房者向银行贷款的金额 $M_0=200$ 万元，银行的月利率 $a=0.465\%$，贷款期限为 10 年时，编写脚本文件求还款金额 M_n；

（2）把 M_n 作为 M_0，a 和 n 的函数，编写函数文件并保存.

12. 有两家公司 M 和 N 经营同类的产品，它们互相竞争. 每年 M 公司保有 30% 的顾客，而 70% 的顾客流向 N 公司；每年 N 公司保有 44% 的顾客，56% 的顾客流向 M 公司. 当产品开始制造时，M 公司占有 65% 的市场份额，N 公司占有 35% 的市场份额. 请问，3 年后两家公司的市场份额会怎样？5 年后呢？10 年后呢？最终呢？

第 7 章

微积分实验

牛顿和莱布尼茨创立的微积分学是很多科学分支的基础. 微分和积分是微积分中最核心的两个数学概念. 函数极限、导数、微分和积分等问题是微积分学的重要内容. MATLAB 的符号运算工具箱可以直接求解这些问题的解析解.

在实际科学和工程研究中, 微积分问题可能会得不到解析解. 若函数本身未知, 只有科学实验测出的一些实验数据, 则无法对函数进行求微分和积分, 这时就需要进行数值微分和数值积分运算.

本章利用 MATLAB 求解微积分的解析解和数值解.

7.1 微分

视频 7.1 微分

微分学主要包括极限、导数与微分. 极限是微积分的基础概念, 极限思想方法是数学分析乃至全部高等数学必不可少的一种重要方法. 数学分析之所以能解决许多初等数学无法解决的问题(例如求瞬时速度、曲线弧长、曲边形面积、曲面体的体积等问题), 正是由于其采用了极限的无限逼近的思想方法, 才能够得到无比精确的计算结果.

> **定义** 如果当 x 无限趋近 x_0 时, 函数 $f(x)$ 无限趋近常数 A, 则称函数 $f(x)$ 在 x_0 处的极限为 A, 记为 $\lim\limits_{x \to x_0} f(x) = A$.

MATLAB 中主要用 limit 求函数的极限与导数; diff 求函数的导数和微分.

- limit(f,var,a)　　　　返回符号表达式当 var 趋于 a 时表达式 f 的极限;

- limit(f,var,a,'left')　返回符号表达式当 var 趋于 a-0 时表达式 f 的左极限;

- limit(f,var,a,'right') 返回符号表达式当 var 趋于 a+0 时表

达式 f 的右极限;

- diff(f,var,n)　　　返回符号表达式 f 对自变量 var 的 n 阶

导数.

例 7.1　求下列极限:

（1）$\lim\limits_{n\to\infty}\dfrac{3n^3-1}{4n^3+n+1}$;　　　　　（2）$\lim\limits_{n\to 0}(1+n)^{\frac{1}{n}}$;

（3）$\lim\limits_{x\to 0}\dfrac{\sin x}{x}$;　　　　　　　　（4）$\lim\limits_{x\to 0^+}\arctan\dfrac{1}{x}$;

（5）$\lim\limits_{x\to 0^-}\arctan\dfrac{1}{x}$.

解　（1）>> syms n

　　　　>>f = (3 * n^3-1)/(4 * n^3+n+1);

　　　　>> limit(f,n,inf)

　　　　ans =

　　　　3/4

可知 $\lim\limits_{n\to\infty}\dfrac{3n^3-1}{4n^3+n+1}=\dfrac{3}{4}$.

（2）>> syms n

　　　>> f = (1+n)^(1/n);

　　　>> limit(f,n,0)

　　　ans =

　　　　exp(1)

可知 $\lim\limits_{n\to 0}(1+n)^{\frac{1}{n}}=\mathrm{e}$.

（3）>>clear;

　　　>>syms x;

　　　>>limit(sin(x)/x,x,0)

　　　ans =

　　　1

可知 $\lim\limits_{x\to 0}\dfrac{\sin x}{x}=1$.

（4）>> syms x

　　　>> limit(atan(1/x),x,0,'right')

　　　ans =

　　　pi/2

可知 $\lim\limits_{x\to 0^+}\arctan\dfrac{1}{x}=\dfrac{\pi}{2}$.

（5）>> syms x

>> limit(atan(1/x),x,0,'left')

ans =

-pi/2

可知 $\lim\limits_{x \to 0^-} \arctan \dfrac{1}{x} = -\dfrac{\pi}{2}$.

例 7.2   求极限 $\lim\limits_{x \to 0} \cos \dfrac{1}{x}$.

解   >>clear;

>>syms x;   %说明 x 为符号变量

>>limit(cos(1/x),x,0)

ans =

NaN

极限值 NaN 是个不定值，可知 $\lim\limits_{x \to 0} \cos \dfrac{1}{x}$ 不存在.

下面作出函数 $\cos \dfrac{1}{x}$ 在区间 $[-1,-0.01]$ 上的图形，并观察图形在 $x=0$ 附近的形状.

在区间 $[-1,-0.01]$ 上绘图的 MATLAB 命令为

>>x=-1:0.0001:-0.01; y=cos(1./x); plot(x,y)

所得图形如图 7-1 所示. 观察出 x 趋于 0 时，函数值在 -1、1 这两个数之间交替振荡取值，而极限如果存在则必唯一，判断出极限 $\lim\limits_{x \to 0} \cos \dfrac{1}{x}$ 不存在.

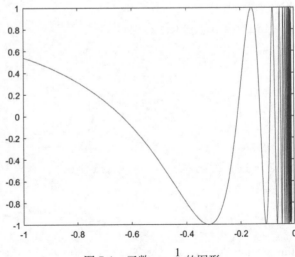

图 7-1   函数 $\cos \dfrac{1}{x}$ 的图形

例 7.3　求函数 $y=\ln(\sin x - x)$ 的导数.

解　　`>> syms x`

`>>y=log(sin(x)-x);`

%在 MATLAB 中用 `log(x)` 表示 lnx

`>> diff(y)`

`ans =`

`-(cos(x) - 1)/(x-sin(x))`

可知 $y'=\dfrac{\cos x-1}{\sin x-x}$.

例 7.4　已知函数 $y=ax^2+bx+c$，求函数关于变量 x 的一阶微分 $\mathrm{d}y$ 和二阶导数 y''.

解　　`>>syms a b c x`

`>>y=a*x^2+b*x+c;`　　　%定义函数表达式

`>> diff(y)`　　　　　%对默认变量 x 求一阶导数

`ans =2*a*x+b`

`>> diff(y,'x',2)`　　　　%对符号变量 x 求二阶导数

`ans =2*a`

可知 $\mathrm{d}y=(2ax+b)\mathrm{d}x$，$y''=2a$.

例 7.5　求参数方程 $\begin{cases}x=\cos^3 t,\\ y=\sin^3 t\end{cases}$ 确定的函数的导数.

解　　`>> syms t`

`>> x=cos(t)^3;`

`>> y=sin(t)^3;`

`>> dy=diff(y);`

`>> dx=diff(x);`

`>> dy/dx`

`ans =`

`-sin(t)/cos(t)`

可知导数 $\dfrac{\mathrm{d}y}{\mathrm{d}x}=-\tan t$.

例 7.6　先求函数 $y=x^3-6x+3$ 的导数，然后在同一坐标系里作出函数 $y=x^3-6x+3$ 及其导函数 $y'=3x^2-6$ 的图形.

解　函数求导相应的 MATLAB 命令为

`>>clear;`

```
>>syms x;
>>diff(x^3-6*x+3,x,1)
```

结果为 ans = 3 * x^2-6.

函数绘图相应的 MATLAB 命令为

```
>>x=-4:0.1:4;  y1=x.^3-6*x+3;  y2=3*x.^2-6;
>> plot(x,y1,x,y2,':')
```

结果如图 7-2 所示, 其中实线是 $y=x^3-6x+3$ 的图形, 点线是 $y'=3x^2-6$ 的图形.

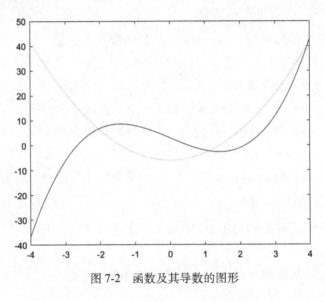

图 7-2 函数及其导数的图形

例 7.7 求函数 $z=x^2+3xy+y^2$ 在点 $(1,2)$ 处的偏导数.

解
```
>> syms x y
>> z=x^2+3*x*y+y^2;
>> zx=diff(z,x)           %求 z 对 x 的偏导数
>>zx =
2*x+3*y
>> subs(zx,[x y],[1 2])
%计算偏导数在点(1,2)处的值
ans=
8
>> zy=diff(z,y)           %求 z 对 y 的偏导数
zy =
3*x+2*y
>> subs(zy,[x y],[1 2])   %计算偏导数在点(1,2)
                            处的值
```

```
ans =

7
```

可知 $\dfrac{\partial z}{\partial x}\Big|_{(1,2)} = (2x+3y)\Big|_{(1,2)} = 8$，$\dfrac{\partial z}{\partial y}\Big|_{(1,2)} = (3x+2y)\Big|_{(1,2)} = 7$.

7.2　数值微分

若所给函数 $f(x)$ 由表格形式给出，则直接求解 $f'(x)$ 就不容易. 要求解这样的问题，需要引入数值算法来求解所需问题的数值解. 根据函数在一些离散点的函数值，推算它在某点的导数或高阶导数的近似值的方法称为数值微分.

视频 7.2　数值微分

最简单直接的数值微分方法就是用差商代替微商. 根据导数定义，在点 x 处，

$$f'(x) = \lim_{h \to 0} \frac{f(x+h)-f(x)}{h} = \lim_{h \to 0} \frac{f(x)-f(x-h)}{h},$$

当 h 充分小时，可用差商来逼近导数.

向前差商公式

$$f'(x) \approx \frac{f(x+h)-f(x)}{h}, \tag{7-1}$$

向后差商公式

$$f'(x) \approx \frac{f(x)-f(x-h)}{h}. \tag{7-2}$$

由向前差商公式和向后差商公式可以得到**中心差商公式**

$$f'(x) \approx \frac{f(x+h)-f(x-h)}{2h}.$$

由泰勒(Taylor)公式，可以给出差商求导公式的截断误差

$$f'(x) - \frac{f(x+h)-f(x)}{h} = O(h),$$

$$f'(x) - \frac{f(x)-f(x-h)}{h} = O(h),$$

$$f'(x) - \frac{f(x+h)-f(x-h)}{2h} = O(h^2),$$

即向前和向后差商公式都是一阶算法，中心差商公式是二阶算法.

例 7.8　分别利用向前差商、向后差商和中心差商方法求 $f(x) = \mathrm{e}^x$ 在 $x=1$ 处的近似一阶导数.

解　MATLAB 命令如下：

```
x=1;
```

```
h=[0.1 0.01 0.001];
x1=x+h;
x2=x-h;
y=exp(x);
y1=exp(x1);
y2=exp(x2);
fq=(y1-y)./h          %向前差商
fh=(y-y2)./h          %向后差商
fz=(y1-y2)./(2*h)     %中心差商
```

运行结果：

```
fq =
  2.8588  2.7319  2.7196
fh =
  2.5868  2.7047  2.7169
fz =
  2.7228  2.7183  2.7183
```

实际上，可以采用先求导函数，再求导数值的方法：

```
>>syms x
  >> subs(diff(exp(x)),x,1)
ans =
exp(1)
>>vpa(ans)
ans =
2.7182818284590452353602874713527
```

从差商方法与导函数方法的结果对比可以看出，不同的 h 得到不同的近似导数值，h 越小，近似导数的误差越小. 而且，中心差商要比向前差商和向后差商的精度更高.

例 7.9　测得一个运动物体的距离 $D(t)$，数据如表 7-1 所示.

表 7-1　物体运动数据

t	8	9	10	11	12
$D(t)$	17.45	21.46	25.75	30.30	35.08

用数值微分求速率 $v(10)$，$v(11)$.

解　MATLAB 命令如下：

```
clear
```

```
t=[8 9   10   11   12];
D=[17.45 21.46    25.75    30.30    35.08];
for i=2:4
  Dt(i)=(D(i+1)-D(i-1))/2;
end
Dt
```

运行结果：

```
Dt =
    0    4.1500    4.4200    4.6650
```

可知 $v(10)=4.42$，$v(11)=4.665$.

7.3 积分

积分学主要包括定积分和不定积分，积分是微分的逆运算.
在实际中，许多问题都可以归结为定积分的求解. 一元函数定积
分的数学表示为

$$I=\int_a^b f(x)\,\mathrm{d}x.$$

视频 7.3　积分

其中，$f(x)$ 称为被积函数，a 和 b 分别称为积分下限和积分上限.

根据微积分基本定理［牛顿(Newton)-莱布尼茨(Leibniz)公式］：
若被积函数 $f(x)$ 在区间 $[a,b]$ 上连续，且 $F'(x)=f(x)$，$x\in[a,b]$，
则有

$$\int_a^b f(x)\,\mathrm{d}x=F(b)-F(a).$$

这个公式表明导数与积分是一对互逆运算，它也提供了求积
分的解析方法：为了求 $f(x)$ 的定积分，需要找到一个函数 $F(x)$，
使 $F(x)$ 的导数正好是 $f(x)$，我们称 $F(x)$ 是 $f(x)$ 的原函数或不定
积分. 不定积分的求法有许多数学技巧，常用的有换元积分法和
分部积分法.

在 MATLAB 中，利用 int 函数求解析解，调用格式如下：

● R=int(s,v)　　对符号表达式 s 中指定的符号变量 v 计算
不定积分. 表达式 R 只是表达式函数 s 的一个原函数，后面没有
带任意常数 C；

● R=int(s)　　　对符号表达式 s 中确定的符号变量计算不
定积分；

● R=int(s,a,b)　符号表达式 s 的定积分，a，b 分别为积分
的下、上限；

- R=int(s,x,a,b)符号表达式 s 关于变量 x 的定积分，a，b 分别为积分的下、上限.

利用 int 函数求解不定积分时，不会自动添加任意常数 C，需要手动添加.

例 7.10 计算不定积分 $\int x^2 \sin x \mathrm{d}x$.

解
```
>>clear; syms x;
>>int(x^2 * sin(x))
ans =
2 * x * sin(x)-cos(x) * (x^2-2)
```

可知 $\int x^2 \sin x \mathrm{d}x = 2x\sin x - x^2\cos x + 2\cos x + C$，其中 C 为任意常数.

如果用微分命令 diff 验证积分正确性，MATLAB 命令为

```
>>clear;syms x;
>>diff(2 * xsin(x)-cos(x) * (x^2-2))
ans =
x^2 * sin(x)
```

例 7.11 计算定积分 $\int_0^1 \mathrm{e}^x \mathrm{d}x$.

解
```
>> syms x
>> y=exp(x);
>> int(y,0,1)
ans =
exp(1) - 1
```

可知 $\int_0^1 \mathrm{e}^x \mathrm{d}x = \mathrm{e} - 1$.

例 7.12 现通过测试者记住西班牙语单词数目，来进行一场记忆实验. $M(t)$ 表示在 t min 内记住的西班牙语单词数目. 在这场实验中，实验者的记忆速率为 $M'(t) = 0.2t - 0.003t^3$. 如果已知 $M(0) = 0$，求 $M(t)$ 及测试者在 8min 内记住的单词数目.

解 由 $M'(t) = 0.2t - 0.003t^3$ 可知 $M(t) = \int 0.2t - 0.003t^3 \mathrm{d}t$.

利用 MATLAB 求解不定积分：

```
>>syms t
>> y=0.2 * t-0.003 * t^3;
>> M=int(y)
```

```
M =
-(t^2 * (3 * t^2 - 400))/4000
```

可知 $\int (0.2t - 0.003t^3)\,\mathrm{d}t = 0.1t^2 - 0.00075t^4 + C$，其中 C 是任意常数.

```
>> t0=0;
>> M0=0;
>> C=M0-subs(M,t,t0)
C =
0
>> M8=subs(M,t,8)
M8 =
416/125
>>vpa(M8)
ans =
3.328
```

所以当 $M(0)=0$ 时，$C=0$，可得 $M(t)=0.1t^2-0.00075t^4$.
当 $t=8$ 时，测试者在 8min 内记住 3 个单词.

7.4 数值积分

根据微积分基本定理，只需寻找到函数 $f(x)$ 的原函数，即可求出定积分的值. 但在实际问题中，往往会遇到一些困难. 例如有些函数的原函数虽然存在，但却无法用初等函数表示；或者有些函数是用图表表示的，这样牛顿-莱布尼茨公式就不能直接运用. 为解决这些问题，下面研究积分的数值计算方法.

视频 7.4 数值积分

积分是微分的无限和，函数 $f(x)$ 在区间 $[a,b]$ 上的定积分定义为

$$I = \int_a^b f(x)\,\mathrm{d}x = \lim_{\max(\Delta x_i) \to 0} \sum_{i=1}^n f(\xi_i)\Delta x_i, \qquad (7\text{-}3)$$

将 $[a,b]$ 进行等分，则 $\Delta x_i = \dfrac{1}{n}(b-a)$，$x_i = a + \dfrac{i}{n}(b-a)$，$i = 1,2,\cdots,n$，则

$$\int_a^b f(x)\,\mathrm{d}x = \lim_{n \to \infty} \frac{1}{n}(b-a)\sum_{i=1}^n f(\xi_i). \qquad (7\text{-}4)$$

左矩形法：在式(7-4)中，若取 $\xi_i = x_{i-1}$，可得

$$\int_a^b f(x)\,\mathrm{d}x \approx \frac{1}{n}(b-a)\sum_{i=1}^n f(x_{i-1}).$$

右矩形法：在式(7-4)中，若取 $\xi_i = x_i$，可得

$$\int_a^b f(x)\,\mathrm{d}x \approx \frac{1}{n}(b-a)\sum_{i=1}^n f(x_i).$$

中矩形法：在式(7-4)中，若取 $\xi_i = \frac{x_{i-1}+x_i}{2}$，可得

$$\int_a^b f(x)\,\mathrm{d}x \approx \frac{1}{n}(b-a)\sum_{i=1}^n f\left(\frac{x_{i-1}+x_i}{2}\right).$$

梯形法：在式(7-4)中，若取 $f(\xi_i) = \frac{f(x_{i-1})+f(x_i)}{2}$，可得

$$\int_a^b f(x)\,\mathrm{d}x \approx \frac{1}{2n}(b-a)\sum_{i=1}^n \left[f(x_{i-1})+f(x_i)\right].$$

在 MATLAB 中，trapz 函数表示使用梯形法计算数值积分，特点是速度快，但精度低. integral 函数采用自适应 Simpson 方法计算积分，特点是精度较高，较为常用.

调用格式如下：

• Q=trapz(X,Y) 梯形积分法，X 表示积分区间的离散化向量，Y 是与 X 同维数的向量，表示被积函数，Q 返回积分值；

• q=integral(fun,xmin,xmax) 使用全局自适应积分和默认误差容限在 xmin 至 xmax 间以数值形式为函数 fun 求积分.

例 7.13 利用矩形法计算定积分 $I = \int_0^1 \ln(1+x)\,\mathrm{d}x$.

解 定积分 $I = \int_a^b f(x)\,\mathrm{d}x$ 的几何意义是由 $y=f(x)$，$y=0$，$x=a$，$x=b$ 围成的曲边梯形的面积. 利用矩形法计算定积分：首先对区间 $[a,b]$ 进行分割，再以小矩形面积近似小曲边梯形的面积，然后求和得到定积分的近似值.

```
>>a=0; b=1;n=1000;
>>h=(b-a)/n;      %求步长 h
>>x=a:h:b-h;      %对区间[a,b]进行 n 等分
>>y=log(1+x);
>>I=sum(y)*h      %利用左矩形法计算矩形面积,并求和
I =
    0.3859
```

若 $n=10000$，则 $I = 0.3863$，精确值为 $I = \ln 4 - 1 \approx 0.386294$. 可见，区间等分数越大，近似值越准确.

例 7.14　计算积分 $\int_{-2}^{2} x^4 \mathrm{d}x$.

解　先用梯形积分法命令 trapz 计算积分 $\int_{-2}^{2} x^4 \mathrm{d}x$,

```
>>clear; x=-2:0.1:2; y=x.^4;    %积分步长为 0.1
>>trapz(x,y)
ans =
12.8533
```

如果取积分步长为 0.01,

```
>>clear; x=-2:0.01:2; y=x.^4;    %积分步长为 0.01
>>trapz(x,y)
ans =
12.8005
```

如果用符号积分法命令 int 计算积分 $\int_{-2}^{2} x^4 \mathrm{d}x$,

```
>>clear;syms x;
>>int(x^4,x,-2,2)
ans =
64/5
```

可以看出, 分割越细数值积分越接近精确值.

例 7.15　求 $\int_{0}^{+\infty} \mathrm{e}^{-x^2} (\ln x)^2 \mathrm{d}x$.

解　创建函数 $f(x) = \mathrm{e}^{-x^2} (\ln x)^2$,

```
fun=@(x) exp(-x.^2).*log(x).^2;
```

计算 $x=0$ 至 $x=+\infty$ 的积分,

```
>> format rat
>> q = integral(fun,0,Inf)
  q =
  668/343
```

可知 $\int_{0}^{+\infty} \mathrm{e}^{-x^2} (\ln x)^2 \mathrm{d}x = \dfrac{668}{343}$.

例 7.16　求曲线 $f(x) = \sqrt{x}\sin^2 x\,(0 \leqslant x \leqslant \pi)$ 以及直线 $x=0$, $x=\pi$ 与 x 轴所围成图形分别绕 x 轴和 y 轴旋转所得的旋转体体积, 并画出两个旋转体的图形.

解 图形绕 x 轴旋转时，体积 $V_x = \pi\int_a^b f^2(x)\mathrm{d}x = \pi\int_0^\pi x\sin^4 x\mathrm{d}x$；

图形绕 y 轴旋转时，体积 $V_y = 2\pi\int_a^b xf(x)\mathrm{d}x = 2\pi\int_0^\pi x^{\frac{3}{2}}\sin^2 x\mathrm{d}x$. 先绘制出曲线以及直线 $x=a$，$x=b$ 与 x 轴所围成的图形（见图7-3）.

```
>>fplot(@(x) sqrt(x).*sin(x).^2,[0,pi])
```

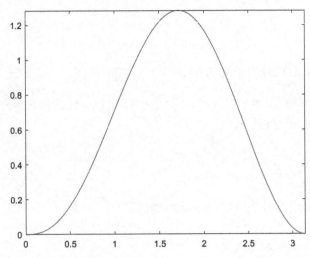

图 7-3 曲线以及直线 $x=0$，$x=\pi$ 与 x 轴所围成图形

由于函数 $f(x) = \sqrt{x}\sin^2 x\,(0\leqslant x\leqslant \pi)$ 的原函数不存在，故用 trapz 计算数值积分.

```
>> clear
>> x=0:0.1:pi;
>> y1=pi*x.*sin(x).^4;
>> vx=trapz(x,y1)
vx =
    5.8137
>> y2=2*pi*x.^(3/2).*sin(x).^2;
>> vy=trapz(x,y2)
vy =
  20.4013
```

可知图形绕 x 轴旋转所得的旋转体体积 $V_x = 5.8137$；图形绕 y 轴旋转所得的旋转体体积 $V_y = 20.4013$.

已知图形绕 x 轴旋转所得的曲面参数方程

$$\begin{cases} x=r, \\ y=\sqrt{r}\sin^2 r\cos t, & 0\leqslant r\leqslant \pi, 0\leqslant t\leqslant 2\pi; \\ z=\sqrt{r}\sin^2 r\sin t, \end{cases}$$

绘制图形绕 x 轴旋转所得的曲面（见图7-4a），MATLAB 命令如下：

```
clear
r=linspace(0,pi,100);
t=linspace(0,2*pi,100);
[r,t]=meshgrid(r,t);
x=r;
y=sqrt(r).*sin(r).^2.*cos(t);
z=sqrt(r).*sin(r).^2.*sin(t);
mesh(x,y,z)
```

图形绕 y 轴旋转所得的曲面参数方程

$$\begin{cases} x=r\cos t, \\ y=r\sin t, \qquad 0\leqslant r\leqslant\pi, 0\leqslant t\leqslant 2\pi; \\ z=\sqrt{r}\sin^2 r, \end{cases}$$

绘制图形绕 y 轴旋转所得的曲面（见图 7-4b），MATLAB 命令如下：

```
clear
r=linspace(0,pi,100);
t=linspace(0,2*pi,100);
[r,t]=meshgrid(r,t);
X=r.*cos(t);
Y=r.*sin(t);
Z=sqrt(r).*sin(r).^2;
mesh(X,Y,Z)
```

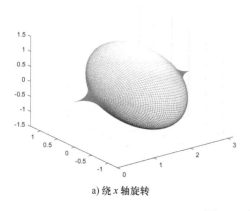

a) 绕 x 轴旋转

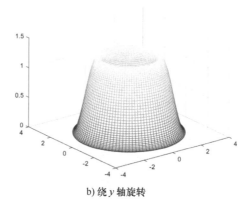

b) 绕 y 轴旋转

图 7-4　旋转曲面

例 7.17 对某国的地图做如下测量：以东西方向为横轴，以南北方向为纵轴. 选取合适的点为原点，将国土最西到最东边界在 x 轴上的区间选取足够多的分点 x_i，在每个分点处可测出南北边界点的对应坐标 y_1，y_2. 用这样的方法得到表 7-2，根据地图比例知 18mm 相当于 40km，试由表 7-2 计算国土面积 S.

表 7-2　国土面积测量数据

x	7.0	10.5	13	17.5	34	40.5	44.5	48	56
y_1	44	45	47	50	50	38	30	30	34
y_2	44	59	70	72	93	100	110	110	110
x	61.0	68.5	76.5	80.5	91	96	101	104	106.5
y_1	36	34	41	45	46	43	37	33	28
y_2	117	118	116	118	118	121	124	121	121
x	111.5	118	123.5	136.5	142	146	150	157	158
y_1	32	65	55	54	52	50	66	66	68
y_2	121	122	116	83	81	82	86	85	68

解　MATLAB 命令如下：

```
x=[7.0  10.5  13  17.5  34  40.5  44.5  48  56
    61.0  68.5  76.5  80.5  91  96  101  104…
    106.5  111.5  118  123.5  136.5  142  146  150
    157  158 ];
y1=[44  45  47  50  50  38  30  30  34  36  34
    41  45  46  43  37  33  28…
    32  65  55  54  52  50  66  66  68 ];
y2=[44  59  70  72  93  100  110  110  110  117
    118  116  118  118  121  124  121  121…
    121  122  116  83  81  82  86  85  68 ];
plot(x,y1,'r',x,y2,'g')
z1=trapz(x,y1);
z2=trapz(x,y2);
z=z2-z1;
S=(z/(18*18))*40*40
```

运行结果为

```
S =
    42414
```

故可得国土面积为 $S = 42414\text{km}^2$，这与实际测量值 41288km^2
接近. 得到的图形如图 7-5 所示.

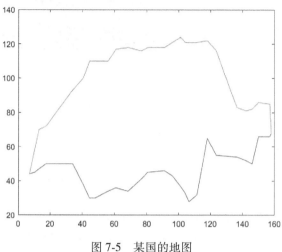

图 7-5　某国的地图

习题 7

1. 求下列各极限：

（1）$\lim\limits_{n\to\infty}\left(1-\dfrac{1}{n}\right)^n$；　　　　（2）$\lim\limits_{n\to\infty}\sqrt{n^3+3^n}$；

（3）$\lim\limits_{n\to\infty}\left(\sqrt{n+2}-2\sqrt{n+1}\right)$；

（4）$\lim\limits_{x\to1}\left(\dfrac{2}{x^2-1}-\dfrac{1}{x-1}\right)$；　　（5）$\lim\limits_{x\to0}x\cot2x$；

（6）$\lim\limits_{x\to\infty}\left(\sqrt{x^2+3x}-x\right)$；　　（7）$\lim\limits_{x\to\infty}\left(\cos\dfrac{m}{x}\right)^x$；

（8）$\lim\limits_{x\to1^-}\left(\dfrac{1}{x}-\dfrac{1}{e^x-1}\right)$；　　（9）$\lim\limits_{x\to0^+}\dfrac{\sqrt[3]{1+x}-1}{x}$.

2. 求下列函数的导数：

（1）$y=\sqrt{x}+1$；　　　　　　（2）$y=x\sin x\ln x$；

（3）$y=e^{-x}\cos x$；　　　　　（4）$y=\dfrac{1}{\sqrt{1+x^5}}$.

3. 求下列函数的偏导数：

（1）$z=x^3y-xy^3$；　　　　　（2）$\ln\tan\dfrac{x}{y}$；

（3）$\dfrac{u^2+v^2}{uv}$；　　　　　　（4）$(1+xy)^y$.

4. 用 int 计算下列不定积分，并用 diff 验证：

（1）$\int x\sin^2x\mathrm{d}x$；　　　　（2）$\int\dfrac{\mathrm{d}x}{1+\cos x}$；

（3）$\int\dfrac{\mathrm{d}x}{1+e^x}$；　　　　　（4）$\int\arcsin x\mathrm{d}x$.

（5）$\int\sec^3x\mathrm{d}x$.

5. 设曲线通过点 $(1,1)$，且曲线上任一点处的切线斜率等于该点横坐标的平方，求此曲线.

6.（定积分）用 trapz，integral 计算下列定积分：

（1）$\displaystyle\int_0^1\dfrac{\sin x}{x}\mathrm{d}x$；　　　　（2）$\displaystyle\int_0^1x^x\mathrm{d}x$；

（3）$\displaystyle\int_0^{2\pi}e^x\sin(2x)\mathrm{d}x$；　　（4）$\displaystyle\int_0^1e^{-x^2}\mathrm{d}x$.

7. 将区间等分为 100 个小区间，分别用左矩形法、右矩形法和梯形法编程，计算定积分 $\displaystyle\int_1^\pi e^{x^2}\mathrm{d}x$.

8. 已知某国某些省份的出生人口统计数据如表 7-3 所示，试估算表中这些年份的出生人口年增长率.

表 7-3　出生人口统计数据

年份/年	1935	1940	1945	1950	1955	1960
人口/万人	650	781	900	1006	1470	1874
年份/年	1965	1970	1975	1980	1985	1990
人口/万人	1496	2476	2832	2315	1893	2045
年份/年	1995	2000	2005	2010	2015	2020
人口/万人	2673	1694	1378	1763	1524	1803

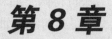

第8章

概率论与数理统计实验

概率论与数理统计是研究"随机现象"数量规律的一门学科. 概率论与数理统计的应用非常广泛, 几乎遍及自然科学、社会科学、工程技术、军事科学及生活实际等各领域. 通过学习"概率论与数理统计", 就能用概率论的思想和观点观察、处理"随机"事件, 并对"数据"发生兴趣, 能善于发现、善于处理各种数据资料.

在 MATLAB 中, 提供了专门工具箱 Statistics, 该工具箱有几百个专门求解概率统计问题的功能函数, 使用它们可以很方便地解决实际问题.

本章介绍概率统计中的相关 MATLAB 命令, 求解概率分布、随机数、统计量的数字特征和蒙特卡罗方法.

8.1 随机变量及其分布

随机变量有离散型随机变量和连续型随机变量两种.

视频 8.1　随机变量及其分布

8.1.1 离散型随机变量

离散型随机变量的概率规律可以用分布律和分布函数来描述.

定义 8.1 设离散型随机变量 X 取值 x_k 时的概率为 $p_k(k=1, 2, \cdots)$, 则称 X 的所有取值及取值的概率为离散型随机变量 X 的分布律, 记作

$$P\{X=x_k\}=p_k, \ k=1,2,\cdots.$$

也可列表如表 8-1 所示.

表 8-1　离散型随机变量的分布律

X	x_1	x_2	$\cdots$	x_k	$\cdots$
$P\{X=x_k\}$	p_1	p_2	$\cdots$	p_k	$\cdots$

定义 8.2 设 X 是随机变量, x 为任意实数, 则称函数

$$F(x)=P\{X\leqslant x\}$$

为随机变量 X 的分布函数, 记作 $X \sim F(x)$. 离散型随机变量 X 的分布函数为

$$F(x) = \sum_{x_k \leqslant x} p_k.$$

常见的离散型分布:

1. 二项分布 $B(n, p)$

若离散型随机变量 X 的分布律为

$$P\{X = k\} = \mathrm{C}_n^k p^k (1-p)^{n-k}, \quad k = 0, 1, 2, \cdots, n,$$

其中, $0 < p < 1$, 则称 X 服从二项分布, 记作 $X \sim B(n, p)$.

2. 泊松分布

若离散型随机变量 X 的分布律为

$$P\{X = k\} = \frac{\lambda^k}{k!} \mathrm{e}^{-\lambda}, \quad k = 0, 1, 2, \cdots,$$

其中, $\lambda > 0$, 则称 X 服从参数为 λ 的泊松分布, 记作 $X \sim \pi(\lambda)$.

泊松分布描述了大量试验中, 稀有事件(即概率较小事件)出现次数的概率分布. 例如, 操作系统出现故障的次数、商店中贵重商品出售的件数、布匹上的瑕疵点数等, 一般可以看作服从泊松分布.

8.1.2　连续型随机变量

连续型随机变量的概率特征, 主要用概率密度函数和分布函数来描述.

定义 8.3　设 X 是在实数域或区间上连续取值的随机变量, 随机变量 X 的分布函数为 $F(x)$. 若存在非负可积函数 $f(x)$, 使得对于任意实数 x, 有

$$F(x) = \int_{-\infty}^{x} f(t) \mathrm{d}t,$$

则称 X 为连续型随机变量, 并称 $f(x)$ 是 X 的概率密度函数.

常见的连续型分布:

1. 均匀分布

若随机变量 X 的概率密度为

$$f(x) = \begin{cases} \dfrac{1}{b-a}, & a \leqslant x \leqslant b, \\ 0, & \text{其他}, \end{cases}$$

则称随机变量 X 服从 $[a, b]$ 上的均匀分布, 记作 $X \sim U(a, b)$.

2. 指数分布

若随机变量 X 的概率密度为

$$f(x) = \begin{cases} \theta e^{-\theta x}, & x > 0, \\ 0, & x \leqslant 0, \end{cases}$$

其中，$\theta > 0$ 为常数，则称随机变量 X 服从参数为 θ 的指数分布，记作 $X \sim e(\theta)$.

3. 正态分布

若随机变量 X 的概率密度为

$$f(x) = \frac{1}{\sqrt{2\pi}\,\sigma} e^{-\frac{(x-\mu)^2}{2\sigma^2}}, \quad x \in \mathbf{R},$$

其中，$\sigma > 0$，则称随机变量 X 服从参数为 μ，σ^2 的正态分布，记作 $x \sim N(\mu, \sigma^2)$.

在 MATLAB 中，常用的分布如表 8-2 所示.

表 8-2　MATLAB 中常用的分布

分布	二项分布	泊松分布	均匀分布	指数分布	正态分布
命令	bino	poiss	unif	exp	norm

对每一种分布提供 5 类运算功能，如表 8-3 所示.

表 8-3　概率分布的运算功能

功能	概率密度	分布函数	逆概率分布	均值和方差 （期望和方差）	随机数生成
命令	pdf	cdf	inv	stat	rnd

当需要某一分布的某类运算功能时，将分布字符与功能字符连接起来，就得到所要的命令，如表 8-4 所示.

表 8-4　常用的概率密度函数

函数名	调用形式	注　释
binopdf	$y = \text{binopdf}(x, n, p)$	计算在 x 处的二项分布的概率，n，p 为二项分布的参数
poisspdf	$y = \text{poisspdf}(x, \text{lambda})$	计算在 x 处的泊松分布的概率，lambda 为泊松分布的参数
unifpdf	$y = \text{unifpdf}(x, a, b)$	计算在 x 处的均匀分布的概率密度函数值，a，b 为均匀分布的分布区间端点值
exppdf	$y = \text{exppdf}(x, \text{mu})$	计算在 x 处的指数分布的概率密度函数值，mu 为指数分布的参数
normpdf	$y = \text{normpdf}(x, \text{mu}, \text{sigma})$	计算在 x 处的正态分布的概率密度函数值，mu 为正态分布的期望，sigma 为标准差

例 8.1　绘制正态分布 $N(3,2^2)$ 和泊松分布 $\pi(5)$ 密度函数的图像.

解　>> x=-2:0.1:8;

　　>> y=normpdf(x,3,2);

　　>> plot(x,y,'+')

　　>> x=0:15;

　　>> y=poisspdf(x,5);

　　>> plot(x,y,'+')

运行后得到正态分布和泊松分布密度函数的图像分别如图 8-1a、b 所示.

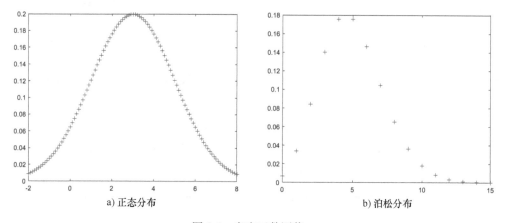

a) 正态分布　　　　　　　　　　　b) 泊松分布

图 8-1　密度函数图像

例 8.2　求二项分布 $B(20,0.2)$ 和泊松分布 $\pi(6)$ 的期望和方差.

解　>> [M,V]=binostat(20,0.2)

　　M =

　　4

　　V =

　　3.2000

　　>> [M,V]=poisstat(6)

　　M =

　　　6

　　V =

　　　6

可得二项分布 $B(20,0.2)$ 的期望和方差分别为 4，3.2；泊松分布 $\pi(6)$ 的期望和方差分别为 6，6.

例 8.3   某一急救中心在长度为 t 的时间间隔内收到的紧急呼救次数服从参数为 $t/2$ 的泊松分布，而与时间间隔的起点无关（时间以 h 计），求：

（1）在某一天中午 12 时至下午 3 时没有收到紧急呼救的概率；

（2）某一天中午 12 时至下午 5 时至少收到 1 次紧急呼救的概率.

解   本题计算需调用函数 poisscdf，格式为 poisscdf(x, λ)，返回

$$F(x) = \sum_{k=0}^{x} P\{X = k\} = \sum_{k=0}^{x} \frac{\lambda^k}{k!} e^{-\lambda}.$$

（1）>>P1=poisscdf(0,3/2)

    P1 =

       0.2231

可知中午 12 时至下午 3 时没有收到紧急呼救的概率为 0.2231.

（2）>> P2=1-poisscdf(0,5/2)

    P2 =

       0.9179

可知中午 12 时至下午 5 时至少收到 1 次紧急呼救的概率为 0.9179.

8.2   随机数

视频 8.2   随机数

常用的生成随机数的命令及调用格式如下：

- rand(m,n)生成(0,1)上均匀分布的 m 行 n 列随机数矩阵；

- randn(m,n)生成标准正态分布 N(0,1)的 m 行 n 列随机数矩阵；

- randperm(N)生成 1,2,…,N 的一个随机排列；

- random('name',A1,A2,A3,m,n)生成以 A1，A2，A3 为参数的 m 行 n 列随机数矩阵，name 指定分布类型（见表 8-2）；

- unidrnd(N,m,n)生成 1,2,…,N 的等概率 m 行 n 列随机数矩阵；

- binornd(k,p,m,n)生成参数为 k，p 的 m 行 n 列随机数矩阵；

- unifrnd(a,b,m,n)生成区间[a,b]上连续型均匀分布 m 行 n

列随机数矩阵；

- normrnd(mu,sigma,m,n) 生成均值为 mu，标准差为 sigma 的 m 行 n 列正态分布随机数矩阵；
- perms(1:n) 生成一个 $1,2,\cdots,n$ 的全排列，共 n!个.

例8.4　生成随机矩阵.

解　>> rand(1)　% 生成一个(0,1)间的随机数

ans =

0.8853

>> rand(2,2)　% 生成一个 2×2 阶(0,1)间的随机数矩阵

ans =

0.6483　0.0953

0.4663　0.9678

>>randperm(5) % 生成一个 1~5 的随机整数排列

ans =

2　3　5　1　4

例8.5　产生一个 3 行 4 列均值为 2、标准差为 0.3 的正态分布随机数.

解　>> y=random('norm',2,0.3,3,4)

y =

1.9478　2.0584　1.4232　1.6575

1.8154　2.6689　1.9936　2.1046

1.8029　2.3157　1.6096　2.1730

例8.6　设 $X\sim N(4,3^2)$，求 $P\{3<X<6\}$，$P\{X>3\}$.

解　>> p1=normcdf(6,4,3)-normcdf(3,4,3)

p1 =

0.3781

>> p2=1-normcdf(3,4,3)

p2 =

0.6306

可得 $P\{3<X<6\}=0.3781$，$P\{X>3\}=0.6306$.

例8.7　随机投掷均匀带国徽的硬币，观察国徽面朝上与国徽面朝下的频率.

解　新建函数文件 fun87(n)，MALTAB 命令如下：

```
function fun87(n)
```

```
m=0;
for i=1:n
  t=randperm(2);    %生成一个1~2的随机整数排列
  x=t-1;            %生成一个0~1的随机整数排列
  y=x(1);
  if y==0
    m=m+1;
  end
end
p1=m/n
p2=1-p1
```

在命令行窗口调用 fun87(3000)，fun87(5000)，…，fun87(10000000)得到结果如表 8-5 所示.

表 8-5　国徽面朝上与国徽面朝下的频率

实验次数 n	3000	5000	1 万	2 万	3 万
国徽面朝上的频率	0.5020	0.5140	0.4998	0.4982	0.4998
国徽面朝下的频率	0.4980	0.4860	0.5002	0.5018	0.5002
实验次数 n	5 万	10 万	100 万	1000 万	1 亿
国徽面朝上的频率	0.5031	0.4993	0.4999	0.5001	0.5000
国徽面朝下的频率	0.4969	0.5007	0.5001	0.4999	0.5000

可见当 $n\to\infty$ 时，$f_n(A)=P(A)$.

8.3　随机变量的数字特征

8.3.1　统计图

视频 8.3　随机变量
的数字特征

常用的统计作图命令调用格式如下：

• histogram(X,nbins)　基于 X 创建直方图，用正整数 nbins 指定 bin 数目；

• polarhistogram(theta,nbins)　在极坐标中创建一个直方图，用 theta 指定弧度值，用正整数 nbins 指定 bin 数目；

• boxplot(x)　创建 x 中数据的箱线图. 如果 x 是向量，boxplot 绘制一个箱子. 如果 x 是矩阵，boxplot 为 x 的每列绘制一个箱子.

例 8.8　生成 10000 个随机数并创建直方图；创建由介于 0 和 2π 之间的值组成的向量，生成一个直方图，该直方图显示划分为六个 bin 的数据.

解　>>x = randn(10000,1);

　　　>>h = histogram(x)

　　　>>theta =[0.1 1.1 5.4 3.4 2.3 4.5 3.2 3.4 5.6 2.3

　　　2.1 3.5 0.6 6.1];

　　　>>polarhistogram(theta,6)

运行后得到的图形如图 8-2 所示.

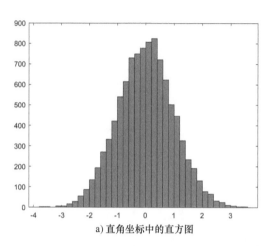

a) 直角坐标中的直方图

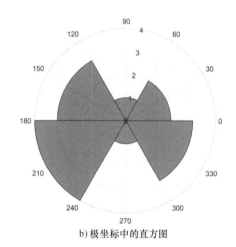

b) 极坐标中的直方图

图 8-2　直方图

例 8.9　两个教学班各 30 名同学, 在数学课程上, A 班用新教学方法组织教学, B 班用传统方法组织教学, 现得期末考试成绩(以分计)如下:

A: 82, 92, 77, 62, 70, 36, 80, 100, 74, 64, 63, 56, 72, 78, 68, 65, 72, 70, 58, 92, 79, 92, 65, 56, 85, 73, 61, 71, 42, 89

B: 57, 67, 64, 54, 77, 65, 71, 58, 59, 69, 67, 84, 63, 95, 81, 46, 49, 60, 64, 66, 74, 55, 58, 63, 65, 68, 76, 72, 48, 72

在同一坐标轴上画箱线图, 并对两个班的成绩进行初步分析比较.

解　MATLAB 命令如下:

```
clear
x=[82,92,77,62,70,36,80,100,74,64,63,56,72,78,
   68,65,72,70,58,92,79,92,65,56,85,73,61,71,
   42,89;
   57,67,64,54,77,65,71,58,59,69,67,84,63,95,
```

```
81,46,49,60,64,66,74,55,58,63,65,68,76,72,
48,72]';
boxplot(x)
```

运行后得到的图形如图 8-3 所示.

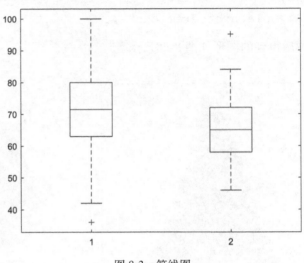

图 8-3 箱线图

从图 8-3 中可以直观地看出，两个班成绩的分布是正态（对称）的，A 班（图 8-3 中的 1）成绩较为分散（方差大），B 班（图 8-3 中的 2）成绩则较集中（方差小）. A 班成绩明显高于 B 班（均值比较，并且 A 班 25% 低分段上限接近 B 班中值线，A 班中值线接近 B 班 25% 高分段下限）. A 班的平均成绩约为 70 分（中值），B 班约为 65 分（中值）. A 班有一名同学的成绩过低（离群），而 B 班成绩优秀的只有一人（离群）.

8.3.2 统计量

假设有一个容量为 n 的样本（即一组数据），记作 $\boldsymbol{x} = (x_1, x_2, \cdots, x_n)$，需要对它进行一定的加工，才能提取出有用的信息，用于对总体（分布）参数的估计和检验. **统计量**就是加工出来的、反映样本数量特征的函数，它不含分布的未知参数. 下面我们介绍几种常用的统计量.

1. 表示位置的统计量——平均值和中位数

平均值（简称均值）描述数据取值的平均位置，记作 $\bar{x}$，即

$$\bar{x} = \frac{1}{n} \sum_{i=1}^{n} x_i.$$

中位数是将数据由小到大排序后位于中间位置的那个数值.

MATLAB 中 mean(x) 返回 x 的均值，median(x) 返回中位数．

2. 表示变异程度的统计量——标准差、方差和极差

标准差 s 定义为

$$s = \left[\frac{1}{n-1}\sum_{i=1}^{n}(x_i - \bar{x})^2\right]^{\frac{1}{2}}.$$

它是各个数据与均值偏离程度的度量，这种偏离不妨称为变异．

方差是标准差的平方 s^2．

极差是 $x = (x_1, x_2, \cdots, x_n)$ 的最大值与最小值之差．

MATLAB 中 std(x) 返回 x 的标准差，var(x) 返回方差，range(x) 返回极差．

MATLAB 中其他常见数学特征函数如表 8-6 所示．

表 8-6　MATLAB 中其他常见数学特征函数

函　数	名　　称	函　数	名　　称
min(x)	最小值	nanmin(x)	去除样本中 Nan 值后求最小值
max(x)	最大值	nanmax(x)	忽略样本中 Nan 值后求最大值
sum(x)	元素的总和	trimmean(x,p)	剔除上下各(p/2)%数据后求均值
moment(x,n)	样本 n 阶中心矩	range(x)	样本最大值与最小值之差
skewness(x)	样本偏度	kurtosis(x)	样本峰度

例 8.10　函数 max 和 min 的使用．

解　>> A=magic(4)

```
A =
  16   2   3  13
   5  11  10   8
   9   7   6  12
   4  14  15   1
>> max(A)        %默认求矩阵 A 各列元素的最大值
ans =
  16  14  15  13
>> max(max(A))   %求矩阵 A 中各元素的最大值
ans =
  16


>> max(A,[],2)   %求矩阵 A 各行元素的最大值
ans =
  16
  11
```

```
        12

        15

>>[C,I]=min(A)        %求矩阵 A 各列元素的最小值并
                        返回下标

C=

   4  2  3  1

I=

   4  1  1  4
```

例 8.11 学校随机抽取 100 名学生，测量他们的身高和体重，所得数据如表 8-7 所示.

表 8-7　学校 100 名学生的身高和体重

身高	体重	身高	体重	身高	体重	身高	体重	身高	体重
172	75	169	55	169	64	171	65	167	47
171	62	168	67	165	52	169	62	168	65
166	62	168	65	164	59	170	58	165	64
160	55	175	67	173	74	172	64	168	57
155	57	176	64	172	69	169	58	176	57
173	58	168	50	169	52	167	72	170	57
166	55	161	49	173	57	175	76	158	51
170	63	169	63	173	61	164	59	165	62
167	53	171	61	166	70	166	63	172	53
173	60	178	64	163	57	169	54	169	66
178	60	177	66	170	56	167	54	169	58
173	73	170	58	160	65	179	62	172	50
163	47	173	67	165	58	176	63	162	52
165	66	172	59	177	66	182	69	175	75
170	60	170	62	169	63	186	77	174	66
163	50	172	59	176	60	166	76	167	63
172	57	177	58	177	67	169	72	166	50
182	63	176	68	172	56	173	59	174	64
171	59	175	68	165	56	169	65	168	62
177	64	184	70	166	49	171	71	170	59

注：表中身高的单位为 cm，体重的单位为 kg.

解　数据输入通常有两种方法：一种是在交互环境中直接输入，如果在统计中数据量比较大，这样不太方便；另一种是先把数据写入一个纯文本数据文件 data. txt 中，格式如表 8-7 所示，有20 行、10 列，数据列之间用空格键或 Tab 键分割，该数据文件data. txt 存放在 MATLAB\work 子目录下，在 MATLAB 中用 load 命令读入数据. MATLAB 命令如下：

```
clc
load data.txt
high=data(:,1:2:9);high=high(:);
                    %将身高数据存储在 high 中
weight=data(:,2:2:10);weight=weight(:);
                    %将体重数据存储在 weight 中
shuju=[high weight];
jun_zhi=mean([high weight])
zhong_wei_shu=median(shuju)
biao_zhun_cha=std(shuju)
ji_cha=range(shuju)
pian_du=skewness(shuju)
feng_du=kurtosis(shuju)
```

运行结果：

```
jun_zhi =
   170.2500   61.2700    %身高和体重的均值分别为 170.2500、
                          61.2700
zhong_wei_shu =
   170   62              %身高和体重的中位数分别为 170、62
biao_zhun_cha =
   5.4018   6.8929       %身高和体重的标准差分别为 5.4018、
                          6.8929
ji_cha =
   31   30               %身高和体重的极差分别为 31、30
pian_du =
   0.1545   0.1380       %身高和体重的偏度分别为 0.1545、
                          0.1380
feng_du =
   3.5573   2.6644       %身高和体重的峰度分别为 3.5573、
                          2.6644
```

8.4　蒙特卡罗方法

视频 8.4　蒙特卡罗
方法

随机模拟方法，也称为蒙特卡罗（Monte Carlo）方法，是一种基于"随机数"的计算方法. 它以概率统计理论为基础，通过对研究的问题或系统进行随机抽样，然后对样本值进行统计分析，进而得到所研究问题或系统的某些具体参数、统计量等.

在生活实际中，大量问题包含着随机性因素，这时进行随机模拟是一种有效的方式. 随着模拟次数的增多，其精度也逐渐增高. 由于需要大量反复的计算，一般用计算机来完成. 蒙特卡罗方法在金融工程学、宏观经济学、计算物理学（如粒子输运计算、量子热力学计算、空气动力学计算）等领域应用广泛.

例 8.12　用蒙特卡罗投点法计算 π 的值.

解　（内切圆方法）在一个边长为 a 的正方形（见图 8-4）内随机投点，该点落在此正方形的内切圆中的概率为该内切圆面积与正方形面积的比值，即 $p = \pi(a/2)^2 : a^2 = \pi/4$，可得 $\pi = 4p$. 落在圆内的点的个数 m 和点的总数 n 的比值 m/n 可以作为概率 p 的模拟值，随着投点总数的增加，m/n 会越来越接近于 p，从而可以得到逐渐接近于 π 的圆周率的模拟值.

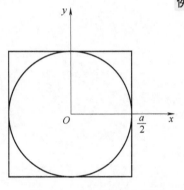

图 8-4　正方形的内切圆

MATLAB 命令如下：

```
n=1000000;a=2;m=0;
for i=1:n
  x=rand(1)*a/2;y=rand(1)*a/2;
  if x^2+y^2<=(a/2)^2
    m=m+1;
  end
end
fprintf('计算出来的 pi 为:%f\n',4*m/n)  %P=m/n
```

运行结果：

计算出来的 π 为 3.145284.

例 8.13　给定曲线 $y = 2-x^2$ 和曲线 $y^3 = x^2$，曲线的交点为 $P_1(-1,1)$、$P_2(1,1)$. 曲线围成平面有限区域，用蒙特卡罗方法计算区域面积.

解　在一个面积为 4 的长方形内随机投点，该点落在此区域的概率为该区域的面积 S 与长方形的面积比值，即 $p = S : 4$，可得

$S=4p$. 概率 p 可由蒙特卡罗投点法近似得到，故可求得区域面积.

MATLAB 命令如下：

```
p=rand(10000,2);
x=2*p(:,1)-1;
y=2*p(:,2);
N=find(y<=2-x.^2&y.^3>=x.^2);
M=length(N);
S=4*M/10000        %p=M/10000
plot(x(N),y(N),'b.')
```

运行结果：

```
S =
  2.1204
```

可知区域面积为 2.1204，这与精确解 $S = \int_{-1}^{1} (2 - x^2 - \sqrt[3]{x^2})\,dx =$ $\dfrac{32}{15}$ 接近，图形如图 8-5 所示.

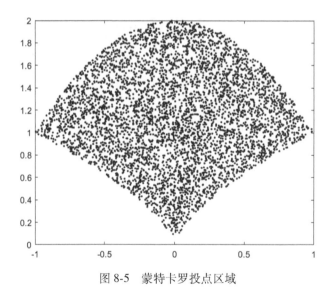

图 8-5　蒙特卡罗投点区域

例 8.14　设某团队由 50 个人组成，试确定该团队至少有 2 个人生日相同的概率.

解　设 $\Omega=\{50$ 个人的生日$\}$，事件 $A=\{50$ 个人中，至少有两个人的生日相同$\}$，事件 $B=\{m$ 个人的生日互不相同$\}$. 该问题属于古典概率问题，Ω 有 365^{50} 种可能，B 中具有 A_{365}^{50} 种可能. 因为 A 与 B 互斥，故事件 A 发生的概率为 $P(A)=1-P(B)=1-\dfrac{A_{365}^{50}}{365^{50}}\approx 0.9704$.

MATLAB 命令如下：

```
function p=fun814(n)    %n 表示实验总次数
s=0;
for i=1:n               %循环 n 次
    a=zeros(1,365);
    b=ceil(rand(1,50)*365);
                        %随机生成 1~365 日期
    j=1;  c=1;
while j<=50& c==1
        k=b(j);
        a(k)=a(k)+1;    %a(k)存放生日为 b(j)的人数
    if a(k)>=2
        c=0;            %找到有 2 人生日为同一天
        end
        j=j+1;
    end
    if c==0
      s=s+1;            %统计 2 人生日相同的实验次数
    end
end
p=s/n;                  %计算概率
```

在命令行窗口调用 p＝fun814(10000)，得到 p ＝ 0.9686. 即团队由 50 个人组成，该团队至少有 2 个人生日相同的概率是 0.9686，这与理论解接近.

习题 8

1. 绘制正态分布 $N(0,1)$ 和 $N(0,2^2)$ 的概率密度函数图形.

2. 绘制 $\lambda = 0.5, 1, 3, 5, 10$ 时泊松分布的概率密度函数与概率分布函数曲线.

3. 计算以下分布的概率密度值：

(1) 参数 $\lambda = 2$ 的指数分布在 $x = 3$ 处的值；

(2) F 分布 $F(11, 8)$ 在点 $x = 2$ 处的值.

4. 已知随机变量 $X \sim N(5, 3^2)$，求 $P\{|X| \geq 6\}$.

5. 生成以下分布的随机阵：

(1) 二项分布的 3×5 随机阵（$n = 100, p = 0.36$）；

(2) 泊松分布的 3×4 随机阵（$\lambda = 3$）；

(3) 生成 4 行 5 列的标准正态分布的随机数组；

(4) 生成 1~10 的 4×5 离散均匀分布数组.

6. 下面的数据是 30 名大学新生在数学素质测验中所得到的分数：

```
88  74  89  76  90  65  77  45  56  57
78  65  63  79  86  80  95  76  56  75
88  77  56  67  88  99  74  55  66  82
```

计算均值、标准差、极差、偏度、峰度，画出直方图.

7. 调用 rand 函数生成 10×10 随机阵, 并将矩阵按列拉长画出频数直方图.

8. 请用蒙特卡罗方法求曲线 $y=\sqrt{x}$ 和直线 $y=x$ 所围成的阴影区域的面积, 并与精确解比较.

9. 请用蒙特卡罗方法求在区间 $[0,2]$ 上的曲线 $y=x^2$ 与 $x=2$ 和 x 轴所围的曲边梯形面积.

10. 请用蒙特卡罗方法计算 $\sqrt{2}$.

11. 设某团队由 30 个人组成, 试确定该团队至少有 3 个人生日相同的概率.

第 9 章
常微分方程实验

微分方程差不多是和微积分先后产生的，苏格兰数学家耐普尔（Napier）创立对数的时候，就讨论过微分方程的近似解．牛顿在建立微积分的同时，对简单的微分方程用级数来求解．后来瑞士数学家雅各布·伯努利、欧拉，法国数学家克雷洛、达朗贝尔、拉格朗日等人又不断地研究和丰富了微分方程的理论．

常微分方程的形成与发展是和力学、天文学、物理学，以及其他科学技术的发展密切相关的．数学的其他分支的新发展，如复变函数、李群、组合拓扑学等，都对常微分方程的发展产生了深刻的影响，当前计算机的发展更是为常微分方程的应用及理论研究提供了非常有力的工具．

牛顿研究天体力学和机械动力学的时候，利用了微分方程这个工具，从理论上得到了行星运动规律．后来，法国天文学家勒维烈和英国天文学家亚当斯使用微分方程各自计算出那时尚未发现的海王星的位置．这些都使数学家更加深信微分方程在认识自然、改造自然方面的巨大力量．

本章利用 MATLAB 求解常微分方程的解析解和数值解，并简单介绍应用性例子．

常微分方程的解析解

视频 9.1　常微分方程
的解析解

定义 9.1 含有未知函数的导数的方程称为微分方程．如果未知函数是一元函数，称为常微分方程．常微分方程的一般形式为

$$F(x, y, y', y'', \cdots, y^{(n)}) = 0.$$

如果未知函数是多元函数，则称为偏微分方程．由几个微分方程联立而成的方程组称为微分方程组．

定义 9.2 微分方程中出现的未知函数最高阶导数的阶数称为微分方程的阶．若方程中未知函数及其各阶导数都是一次的，

称为线性常微分方程，一般表示为

$$y^{(n)}+a_1(x)y^{(n-1)}+\cdots+a_{n-1}(x)y'+a_n(x)y=b(x).$$

若上式中的系数 $a_i(x)$，$i=1,2,\cdots,n$ 均与 x 无关，称之为常系数. 二阶及二阶以上的微分方程称为高阶微分方程.

定义 9.3　如果把函数 $y=\varphi(x)$ 代入方程后，能使方程成为恒等式，则称函数 $y=\varphi(x)$ 是微分方程的解. 把含有 n 个独立的任意常数 $c_1,c_2,\cdots,c_n$ 的解 $y=\varphi(c_1,c_2,\cdots,c_n)$ 称为 n 阶微分方程的通解. 把满足初始条件的解称为微分方程的特解.

有些微分方程可直接通过积分求解. 例如，一阶常系数常微分方程 $\dfrac{\mathrm{d}y}{\mathrm{d}t}=y+1$ 可化为 $\dfrac{\mathrm{d}y}{y+1}=\mathrm{d}t$，两边积分可得通解为 $y=Ce^t-1$，其中 C 为任意常数. 有些常微分方程可用一些技巧，如分离变量法、积分因子法、常数变异法、降阶法等可化为可积分的方程而求得解析解.

一阶常微分方程与高阶微分方程可以互化，已给一个 n 阶方程

$$y^{(n)}=f(x,y',y'',\cdots,y^{(n-1)}).$$

设 $y_1=y,y_2=y',\cdots,y_n=y^{(n-1)}$，可将上式化为一阶方程组

$$\begin{cases} y_1'=y_2, \\ y_2'=y_3, \\ \quad\vdots \\ y_{n-1}'=y_n, \\ y_n'=f(x,y_1,y_2,\cdots,y_n). \end{cases}$$

反过来，在许多情况下，一阶微分方程组也可化为高阶方程. 所以一阶微分方程组与高阶常微分方程的理论与方法在许多方面是相通的，一阶常系数线性微分方程组也可用特征根法求解.

MATLAB 中主要用 dsolve 求符号解析解，调用格式如下：

● S＝dsolve(eqn,cond) 求带初始条件的微分方程的特解，若缺省 cond，则求微分方程的通解. 利用"diff"和"=="表示微分方程. 例如 diff(y,x)==y 表示 dy/dx＝y.

例 9.1　求下列微分方程的解析解：

（1）$y'=ay+b$；

（2）$y''=\sin 2x-y$，$y(0)=0$，$y'(0)=1$；

$$(3)\begin{cases} f'=f+g, \\ g'=g-f, \\ f(0)=1,g(0)=1. \end{cases}$$

解　(1) >> syms y(t) a b

　　　　>>eqn=diff(y,t)==a*y+b;

　　　　>>dsolve(eqn)

　　　　ans =

　　　　-(b - C1*exp(a*t))/a

可知微分方程的通解为 $y=-\dfrac{b}{a}+Ce^{at}$，其中 $C=\dfrac{C_1}{a}$，C_1 是任意常数.

　　(2) >> syms y(x) x

　　　　>> eqn=diff(y,x,2)==sin(2*x)-y;

　　　　>> Dy=diff(y,x);

　　　　>> cond=[y(0)==0,Dy(0)==1];

　　　　>>dsolve(eqn,cond)

　　　　ans =

　　　　(5*sin(x))/3 - sin(2*x)/3

可知微分方程的特解为 $y=\dfrac{5}{3}\sin x-\dfrac{\sin 2x}{3}$.

　　(3) >> syms f(t)g(t)

　　　　>>eqns=[diff(f,t)==f+g,diff(g,t)==g-f];

　　　　>> cond=[f(0)==1,g(0)==1];

　　　　>> S=dsolve(eqns,cond)

　　　　S =

　　　　包含以下字段的 struct:

　　　　g: [1×1 sym]

　　　　f: [1×1 sym]

　　　　>> S.f

　　　　ans =

　　　　exp(t)*cos(t) + exp(t)*sin(t)

　　　　>> S.g

　　　　ans =

　　　　exp(t)*cos(t)-exp(t)*sin(t)

可知微分方程组的特解为 $\begin{cases} f=e^t(\cos t+\sin t), \\ g=e^t(\cos t-\sin t). \end{cases}$

9.2　常微分方程的数值解

除常系数线性微分方程可用特征根法求解，少数特殊方程可用初等积分法求解外，大部分微分方程无解析解，应用中主要采用数值解. 考虑一阶常微分方程初值问题

$$\begin{cases} y'(x)=f(x,y(x)), \\ y(x_0)=y_0, \end{cases} \quad x_0<x<x_f,$$

视频 9.2　常微分方程
的数值解

所谓数值解，就是寻求 $y(x)$ 在一系列离散节点 $x_0<x_1<\cdots<x_n<x_f$ 上的近似值 $y_k, k=0,1,\cdots,n$. 称 $h_k=x_{k+1}-x_k$ 为步长，通常取为常量 h. 最简单的数值解法是欧拉(Euler)法.

9.2.1　欧拉法

欧拉法的思路极其简单：在节点处用差商近似代替导数

$$y'(x_k)\approx\frac{y(x_{k+1})-y(x_k)}{h}.$$

这样导出计算公式(称为欧拉公式)

$$y(x_{k+1})=y(x_k)+hf(x_k,y(x_k)), k=0,1,\cdots,n.$$

它能求解各种形式的微分方程. 欧拉法也称折线法.

欧拉法只有一阶精度，改进方法有二阶龙格(Runge)-库塔(Kutta)法、四阶龙格-库塔法、五阶龙格-库塔-费尔贝格(Felhberg)法和先行多步法等，这些方法可用于解高阶常微分方程(组)初值问题. 边值问题采用不同方法，如差分法、有限元法等. 数值算法的主要缺点是它缺乏物理理解.

9.2.2　龙格-库塔法

欧拉公式易于计算，但精度不高，收敛速度慢. 在实际应用中，我们采用龙格-库塔法，基本思想为

$$\frac{y(x_{k+1})-y(x_k)}{h}=y'(x_k+\theta h), \quad 0<\theta<1.$$

进一步可得

$$y(x_{k+1})=y(x_k)+hf(x_k+\theta h,y(x_k+\theta h)), k=0,1,\cdots,n.$$

在 MATLAB 中，利用 ode23、ode45 求微分方程数值解.

- $[t,y]=ode23(odefun,tspan,y0)$
- $[t,y]=ode45(odefun,tspan,y0)$

求微分方程组 $y'=f(t,y)$ 从 t0 到 tf 的积分，初始条件为 y0. 其中 tspan=[t0 tf]. 解数组 y 中的每一行都与列向量 t 中返回的值

相对应.

ode45 是最常用的求解微分方程数值解的命令, 采用四阶和五阶龙格-库塔法, 是一种自适应步长(变步长)的常微分方程数值解法, 对于刚性方程组不宜采用. ode23 与 ode45 类似, 采用二阶和三阶龙格-库塔法, 只是精度低一些. ode45 是解决数值解问题的首选方法.

例 9.2 求解微分方程 $y' = -y + t + 1$, $y(0) = 1$. 先求解析解, 再求数值解, 并进行比较.

解
```
>>clear;
>>syms y(t);
>>eqn=diff(y,t) = =-y+t+1;
>> cond=y(0)= =1;
>>dsolve(eqn,cond)
ans =
t + exp(-t)
```

可得解析解为 $y = t + e^{-t}$. 下面再求其数值解, 先编写 M 文件 fun92. m.

```
%M 文件 fun92.m
function f=fun92(t,y)
f=-y+t+1;
```

再用命令:

```
>>clear; close; t=0:0.1:1;
>>y=t+exp(-t); plot(t,y);      %绘制解析解的图形
>>hold on;                      %保留已经画好的图形,
                                如果下面再画图,两个图
                                形合并在一起
>>[t,y]=ode45(@fun92,[0,1],1);
>>plot(t,y,'ro');               %绘制数值解图形
>>xlabel('t'),ylabel('y')
```

结果如图 9-1 所示, 解析解和数值解吻合得很好.

例 9.3 已知方程
$$ml\theta'' = mg\sin\theta,\ \theta(0) = \theta_0,\ \theta'(0) = 0.$$
当 $l = 1$, $g = 9.8$, $\theta_0 = 15$ 时, 上面的方程可化为
$$\theta'' = 9.8\sin\theta,\ \theta(0) = 15,\ \theta'(0) = 0.$$
求上面方程的解析解和数值解.

解 先求解析解.

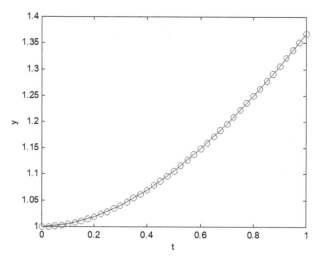

图 9-1　解析解与数值解

```
>>syms y(t)
>>eqn=diff(y,t,2)==9.8*sin(t);
>> Dy=diff(y,t);
>> cond=[y(0)==15,Dy(0)==0];
>>dsolve(eqn,cond)
ans=
(49*t)/5 - (49*sin(t))/5 + 15
```

可知方程的解析解为 $\theta=\dfrac{49}{5}(t-\sin t)+15$.

下面求数值解. 令 $y_1=\theta$, $y_2=\theta'$, 可将原方程化为如下方程组:

$$\begin{cases} y_1'=y_2, \\ y_2'=9.8\sin y_1, \\ y_1(0)=15, y_2(0)=0. \end{cases}$$

建立函数文件 fun93.m 如下:

```
%M 文件 fun93.m
function f=fun93(t,y)
f=[y(2), 9.8*sin(y(1))]';  %f 向量必须为一列向量
```

运行 MATLAB 命令:

```
>>clear; close;
>>[t,y]=ode45(@fun93,[0,10],[15,0]);
>>plot(t,y(:,1));      %画 θ 随时间变化图,y(:,2)则
                         表示 θ'的值
```

```
>>xlabel('t'),ylabel('y1')
```

结果如图 9-2 所示，θ 随时间 t 呈周期变化.

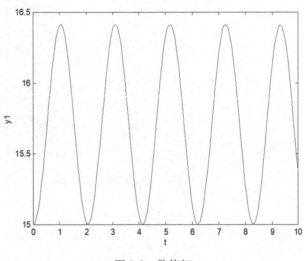

图 9-2　数值解

例 9.4　洛特卡-沃尔泰拉（Lotka-Volterra）模型，也即**捕食者-猎物模型**，由一对一阶常微分方程

$$\begin{cases} \dfrac{\mathrm{d}x}{\mathrm{d}t}=x-\alpha xy, \\[2mm] \dfrac{\mathrm{d}y}{\mathrm{d}t}=-y+\beta xy \end{cases} \tag{9-1}$$

组成，变量 x 和 y 分别计算猎物和捕食者的数量. 当没有捕食者时，猎物数量将增加，当猎物匮乏时，捕食者数量将减少. 使用初始条件 $x(0)=y(0)=20$，使捕食者和猎物的数量相等. 求当 $\alpha=0.01$ 和 $\beta=0.02$ 时方程的解.

解　在 MATLAB 中，两个变量 x 和 y 可以表示为向量 y 中的两个值. 同样，导数是向量 yp 中的两个值. 当 $\alpha=0.01$ 和 $\beta=0.02$ 时，方程组（9-1）可以表示为

```
yp(1) = (1 - alpha * y(2)) * y(1);
yp(2) = (-1 + beta * y(1)) * y(2).
```

MATLAB 中的函数文件 lotka.m 表示 **Lotka-Volterra 方程**.

```
type lotka
function yp = lotka(t,y)
%LOTKA Lotka-Volterra predator-prey model.
% Copyright 1984-2014 The MathWorks, Inc.
yp = diag([1 - .01 * y(2), -1 + .02 * y(1)]) * y;
```

首先使用 ode23 在区间 $0 < t < 15$ 中求解 lotka 中定义的微分方程.

```
t0 = 0;
tfinal = 15;
y0 =[20; 20];
[t,y] = ode23(@lotka,[t0 tfinal],y0);
```

绘制两个种群数量对时间的图形, 如图 9-3a 所示.

```
plot(t,y(:,1),'--',t,y(:,2))
title('捕食者-猎物模型')
xlabel('时间')
ylabel('数量')
legend('猎物','捕食者','Location','North')
```

再使用 ode45 求解该方程组, 得到相轨线, 如图 9-3b 所示.

```
[T,Y] = ode45(@ lotka,[t0 tfinal],y0);
plot(y(:,1),y(:,2),'-',Y(:,1),Y(:,2),'--');
title('相轨线 ')
legend('ode23 ','ode45 ')
```

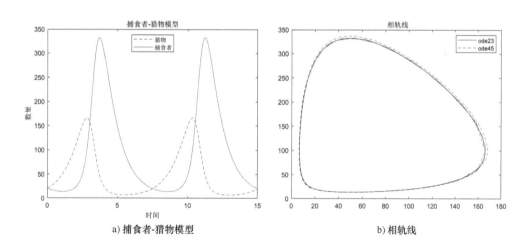

a) 捕食者-猎物模型　　　　　　　b) 相轨线

图 9-3　捕食者-猎物模型

图 9-3a 中实线表示的是微分方程的解, 虚线表示的是解曲线的导数所描绘的曲线. 可以看出, 猎物数量减少时, 捕食者的数量也在减少, 捕食者的种群数量会随着猎物种群数量的增加而不断增加. 猎物的种群数量增加时, 捕食者数量也在增加, 但是当捕食者达到一定程度后, 猎物又在不断减少. 即猎物种群数量增

加→捕食者种群数量增加→猎物种群数量减少→捕食者种群数量减少→猎物种群数量增加→再次循环. 这种变化趋势反映了生态系统中普遍存在的负反馈调节.

图 9-3b 中，使用不同的数值方法求解微分方程会产生略微不同的答案. 可以看出利用 ode45 函数得到的图形是平滑的，要比 ode23 函数得到的结果精度更高.

例 9.5 （洛伦兹吸引子与"蝴蝶效应"）吸引子在 1963 年由美国麻省理工学院的气象学家洛伦兹（E. N. Lorenz）发现. 洛伦兹教授在研究天气的不可预测性时，通过简化方程，获得了具有三个自由度的系统. 在计算机上用他所建立的微分方程模拟气候变化，意外地发现，初始条件的极微小差别可以引起模拟结果的巨大变化，这表明天气过程以及描述它们的非线性方程是如此的不稳定，他打了一个比喻，巴西热带雨林的一只蝴蝶偶然扇动翅膀所引起的微弱气流，几星期后可能在美国得克萨斯州引起一场龙卷风，这就是天气的"蝴蝶效应".

洛伦兹根据牛顿定律建立的温度、压强和风速之间的微分方程组为

$$\begin{cases} \dfrac{\mathrm{d}x}{\mathrm{d}t} = -\beta x + yz, \\[2mm] \dfrac{\mathrm{d}y}{\mathrm{d}t} = -\sigma(y-z), \\[2mm] \dfrac{\mathrm{d}z}{\mathrm{d}t} = -xy + \rho y - z. \end{cases}$$

给定初值条件

$$\begin{cases} x(0) = 0, \\ y(0) = 0, \\ z(0) = \varepsilon. \end{cases}$$

求当 $\beta = 5/3$，$\sigma = 8$，$\rho = 25$，$\varepsilon = 2.2204 \times 10^{-16}$ 时，微分方程组的解.

解 当 $\beta = 5/3$，$\sigma = 8$，$\rho = 25$，$\varepsilon = 2.2204 \times 10^{-16}$ 时，得到微分方程组

$$\begin{cases} \dfrac{\mathrm{d}x}{\mathrm{d}t} = -\dfrac{5x}{3} + yz, \\[2mm] \dfrac{\mathrm{d}y}{\mathrm{d}t} = -8y + 8z, \\[2mm] \dfrac{\mathrm{d}z}{\mathrm{d}t} = -xy + 25y - z, \end{cases}$$

将三个方程的右端函数写成

$$\begin{pmatrix} -5x/3+yz \\ -8y+8z \\ -xy+25y-z \end{pmatrix} = \begin{pmatrix} -5/3 & 0 & y \\ 0 & -8 & 8 \\ -y & 25 & -1 \end{pmatrix} \begin{pmatrix} x \\ y \\ z \end{pmatrix}.$$

新建函数文件 fun95.m，MATLAB 命令如下：

```
function z=fun95(t,y)
A=[-5./3 0 y(2);0 -8 8;-y(2) 25 -1];
z=A*y;
```

在命令行窗口调用 fun95.m，

```
>> [t,y]=ode23(@fun95,[0,80],[0 0 2.2204e-16]);
>> u=y(:,1);v=y(:,2);w=y(:,3);plot3(u,v,w)
```

结果如图 9-4 所示.

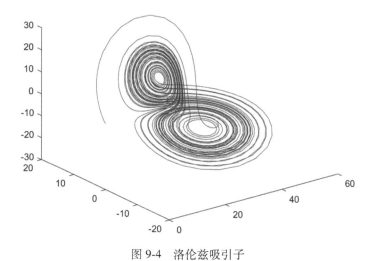

图 9-4　洛伦兹吸引子

习题 9

1. 求下列微分方程的解析解：

（1）$y''+2y'-3y=e^{-3x}$；

（2）$y''-3y'=2e^{2x}\sin x$；

（3）$y''+a^2y=\sin x\quad(a>0)$；

（4）$yy''-y'^2-1=0$；

（5）$y^3\mathrm{d}x+2(x^2-xy^2)\mathrm{d}y=0,\quad y\big|_{x=1}=1$；

（6）$y''+y'+y=\cos x,\quad y\big|_{x=0}=0,\quad y'\big|_{x=0}=\dfrac{3}{2}$；

（7）$y''+y=e^x+\cos x,\quad y\big|_{x=0}=1,\quad y'\big|_{x=0}=1$；

（8）$y'''+2y''+y'=0,\quad y\big|_{x=0}=2,\quad y'\big|_{x=0}=0,$ $y''\big|_{x=0}=-1.$

2. 求方程

$$(1+x^2)y''=2xy',\ y(0)=1,\ y'(0)=3$$

的解析解和数值解，并进行比较.

3. 设有以下初值问题

$$\begin{cases} y'=\dfrac{y^2-t-2}{4(t+1)}, & 0\leqslant t\leqslant 1. \\ y(0)=2, \end{cases}$$

试求其数值解，并和精确解相比较，精确解为 $y(t)=\sqrt{t+1}+1$.

4. 分别用 ode45 和 ode15s 求解范德波尔（Van del Pol）方程

$$\begin{cases} \dfrac{\mathrm{d}^2 x}{\mathrm{d} t^2}-1000(1-x^2)\dfrac{\mathrm{d} x}{\mathrm{d} t}-x=0, \\ x(0)=0, \quad x'(0)=1 \end{cases}$$

的数值解，并进行比较.

最优化是应用数学的一个分支，主要指在一定条件限制下，选取某种研究方案使目标达到最优的一种方法. 最优化问题在当今的军事、工程、管理等领域有着极其广泛的应用，根据不同表现特征和标准可分为无约束和有约束、线性和非线性、单目标和多目标优化问题等.

建立一个优化问题的数学模型，应明确三个基本要素：

（1）决策变量 $\boldsymbol{x}=(x_1,x_2,\cdots,x_n)$；

（2）约束条件 $g_i(\boldsymbol{x})(i=1,2,\cdots,m)$；

（3）目标函数 $f(\boldsymbol{x})$.

若一个向量 $\boldsymbol{x}=(x_1,x_2,\cdots,x_n)^{\mathrm{T}}$ 满足约束条件，则称为可行解或可行点，所有可行点的集合称为可行区域，达到目标函数值最值的可行解称为该优化问题的最优解，相应的目标函数值称为最优目标函数值，简称最优值. 最值有最大值和最小值两种.

本章主要介绍利用 MATLAB 求解线性规划、二次规划和无约束规划，展现数学知识和方法在现实中的应用.

10.1 线性规划

线性规划（Linear Programming，简称 LP），是运筹学中研究较早、发展较快、应用广泛、方法较成熟的一个重要分支，它是辅助人们进行科学管理的一种数学方法，研究线性约束条件下线性目标函数的极值问题的数学理论和方法.

视频 10.1　线性规划

MATLAB 解决线性规划问题的标准形式为

$$\min_{\boldsymbol{x}} \quad z=\boldsymbol{c}^{\mathrm{T}}\boldsymbol{x},$$

$$\text{s. t.} \quad \begin{cases} \boldsymbol{Ax} \leqslant \boldsymbol{b}, \\ \mathbf{Aeq}\cdot\boldsymbol{x}=\mathbf{beq}, \\ \mathbf{lb} \leqslant \boldsymbol{x} \leqslant \mathbf{ub}, \end{cases}$$

其中，$\boldsymbol{c},\boldsymbol{x},\boldsymbol{b},\mathbf{beq},\mathbf{lb},\mathbf{ub}$ 均为列向量；$\boldsymbol{A},\mathbf{Aeq}$ 为矩阵，求 z 的最大值就是求 $-z$ 的最小值.

在 MATLAB 中利用函数 linprog 来解决这类问题. 函数 linprog 的调用格式如下：

- X＝linprog(f,A,b)
- [X,fval,exitflag,output,lamnda]＝linprog(f,A,b,Aeq,Beq,LB,UB,X0,options)

这里，X 是问题的解向量，f 是由目标函数的系数构成的向量，A 是一个矩阵，b 是一个向量，A，b 和变量 x＝｛x1,x2,…,xn｝一起，表示了线性规划中的不等式约束条件，A,b 是系数矩阵和右端向量. Aeq 和 Beq 表示了线性规划中等式约束条件中的系数矩阵和右端向量. LB 和 UB 是约束变量的下界和上界向量，X0 是给定的变量的初始值，options 为控制规划过程的系列参数. 返回值中 fval 是优化结束后得到的目标函数值. exitflag＝0 表示优化结果已经超过了函数的估计值或者已声明的最大迭代次数；exitflag>0 表示优化过程中变量收敛于解 X，exitflag<0 表示不收敛. output 有 3 个分量，iterations 表示优化过程的迭代次数，cgiterations 表示 PCG 迭代次数，algorithm 表示优化所采用的运算规则. lambda 有 4 个分量，ineqlin 是线性不等式约束条件，eqlin 是线性等式约束条件，upper 是变量的上界约束条件，lower 是变量的下界约束条件. 它们的返回值分别表示相应的约束条件在优化过程中是否有效.

例 10.1 求解线性规划问题

$$\min \quad -5x_1-4x_2-6x_3,$$

$$\text{s. t.} \quad \begin{cases} x_1-2x_2+x_3 \leqslant 20, \\ 3x_1+2x_2+4x_3 \leqslant 42, \\ 3x_1+2x_2 \leqslant 30, \\ 0 \leqslant x_1, \quad 0 \leqslant x_2, \quad 0 \leqslant x_3. \end{cases}$$

解 MATLAB 命令如下：

```
clear
f=-[5,4,6];
A=[1,-2,1;3,2,4;3,2,0];
b=[20,42,30];
LB=[0;0;0];
[X,fval]=linprog(f,A,b,[],[],LB)
```

运行结果：

```
Optimal solution found.
```

```
X =

     0

  15.0000

   3.0000

fval =

  -78
```

可知当 $x_1 = 0$，$x_2 = 15$，$x_3 = 3$ 时，得到最小值 -78.

注：在使用 linprog 函数时，系统默认它的参数至少为 3 个，但如果我们需要给定第 5 个参数，则第 4 个参数也必须给出，否则系统无法认定给出的是第 5 个参数. 遇到无法给出时，则用空矩阵"[ ]"替代.

例 10. 2　求解线性规划问题

$$\max \quad z = 2x_1 + 3x_2 - 5x_3,$$

$$\text{s. t.} \quad \begin{cases} x_1 + x_2 + x_3 = 7, \\ 2x_1 - 5x_2 + x_3 \geqslant 10, \\ x_1, x_2, x_3 \geqslant 0. \end{cases}$$

解　先将最大值问题转化为标准形式

$$\min \quad -z = -2x_1 - 3x_2 + 5x_3,$$

$$\text{s. t.} \quad \begin{cases} -2x_1 + 5x_2 - x_3 \leqslant -10, \\ x_1 + x_2 + x_3 = 7, \\ x_1, x_2, x_3 \geqslant 0. \end{cases}$$

MATLAB 命令如下：

```
c=[-2,-3,5];
A=[-2,5,-1];
b=-10;
Aeq=[1 1 1];
beq=7;
x0=[0 0 0];
[x,fval]=linprog(c,A,b,Aeq,beq,x0)
```

运行结果：

```
Optimal solution found.
x =

  6.4286

  0.5714

     0
```

```
fval =
    -14.5714
```

可知，当 $x_1 = 6.4286$，$x_2 = 0.5714$，$x_3 = 0$ 时，得到最大值 $z = 14.5714$.

例 10.3　某工厂生产 A，B 两种产品，所用原料均为甲、乙、丙三种，生产一件产品所需原料和所获利润以及库存原料情况如表 10-1 所示.

表 10-1　利润以及库存原料情况表

	原料甲/kg	原料乙/kg	原料丙/kg	利润/元
产品 A	8	4	4	7000
产品 B	6	8	6	10000
库存原料量	380	300	220	

在该厂只有表中所列库存原料的情况下，如何安排 A，B 两种产品的生产数量可以获得最大利润？

解　设生产 A 产品 x_1 件，生产 B 产品 x_2 件，z 为所获利润，我们将问题归结为如下的线性规划问题：

$$\max \quad 7000x_1 + 10000x_2,$$

$$\text{s. t.} \begin{cases} 8x_1 + 6x_2 \leqslant 380, \\ 4x_1 + 8x_2 \leqslant 300, \\ 4x_1 + 6x_2 \leqslant 220. \end{cases}$$

转换成最小值问题

$$\min \quad [-(7000x_1 + 10000x_2)]$$

$$\text{s. t.} \begin{cases} 8x_1 + 6x_2 \leqslant 380, \\ 4x_1 + 8x_2 \leqslant 300, \\ 4x_1 + 6x_2 \leqslant 220. \end{cases}$$

MATLAB 命令如下：

```
clear
f=-[7000,10000];
A=[8,6;4,8;4,6];
b=[380,300,220];
[X,fval]=linprog(f,A,b)
```

运行结果：

```
Optimal solution found.
X =
```

```
40.0000
10.0000
fval =
-380000
```

可知生产 A 产品 40 件，B 产品 10 件时可获得最大利润 380000 元.

10.2　二次规划

类似于线性规划，求解二次规划之前需要先将其化为标准形式：

$$\min_{x}\quad z=\frac{1}{2}x^{\mathrm{T}}Hx+f^{\mathrm{T}}x,$$

$$\text{s. t.}\quad\begin{cases}Ax\leqslant b,\\ \mathbf{Aeq}\cdot x=\mathbf{beq},\\ \mathbf{lb}\leqslant x\leqslant\mathbf{ub}.\end{cases}$$

视频 10.2　二次规划

其中，f、x、b、$\mathbf{beq}$、$\mathbf{lb}$、$\mathbf{ub}$ 均为列向量；A、$\mathbf{Aeq}$ 为矩阵；H 为二次型（对称正定矩阵）.

在 MATLAB 中利用函数 quadprog 求解，调用格式如下：

- $[x,\mathrm{fval}]=\mathrm{quadprog}(H,f,A,b,\mathrm{Aeq},\mathrm{beq},\mathrm{lb},\mathrm{ub})$　求解约束条件下的二次规划.

例 10.4　求解二次规划

$$\min_{x}\quad z=\frac{1}{2}x_1^2+x_2^2-x_1x_2-2x_1-6x_2,$$

$$\text{s. t.}\quad\begin{cases}x_1+\ x_2\leqslant 2,\\ -x_1+2x_2\leqslant 2,\\ 2x_1+\ x_2\leqslant 3.\end{cases}$$

解　将二次规划写成标准形式

$$\min_{x}\quad\frac{1}{2}x^{\mathrm{T}}Hx+f^{\mathrm{T}}x,$$

其中　　　　　　$H=\begin{pmatrix}1&-1\\-1&2\end{pmatrix},\ f=\begin{pmatrix}-2\\-6\end{pmatrix}.$

MATLAB 命令如下：

```
H =[1 -1; -1 2];
f =[-2; -6];
A =[1 1; -1 2; 2 1];
```

```
b =[2; 2; 3];
[x,fval] =quadprog(H,f,A,b)
```

运行结果：

```
Minimum found that satisfies the constraints.
Optimization  completed  because  the  objective
function is non-decreasing in
    feasible directions, to within the value of the
optimality tolerance,
    and constraints are satisfied to within the value
of the constraint tolerance.
    <stopping criteria details>
x =
    0.6667
    1.3333
fval =
    -8.2222
```

可得当 $x_1 = 0.6667$，$x_2 = 1.3333$ 时，最小值是 $z = -8.2222$.

10.3 无约束优化

无约束优化可以理解为求一个函数在某个区间上的最优值问题，其关键是确定正确的优化目标和目标函数. 下面分别介绍一元函数和多元函数无约束优化问题的 MATLAB 求解.

10.3.1 一元函数无约束优化的最优解求解

一元函数优化一般要给定自变量的取值范围，其标准形式为

$$\min_x f(x),\ x\in[a,b].$$

在 MATLAB 中利用 fminbnd 函数求解，调用格式如下：

- $[x,fval]=fminbnd(fun,x1,x2)$ 返回一个值 x，该值是 fun 中描述的标量值函数在区间 x1<x<x2 中的局部最小值；
- $[x,fval]=fminbnd(fun,x1,x2,options)$ 使用 options 中指定的优化选项求最小值.

在实际求解过程中如果需要给出求解的初值，要求能够从问题本身进行初步分析后得到最优解的大致位置.

例 10.5 求函数 $\sin x$ 在 $0<x<2\pi$ 范围内的最小值的点.

解 >>fun=@sin;

```
>>x1=0;
>>x2=2*pi;
>>x=fminbnd(fun,x1,x2)
x =
    4.7124
```

此值与正确值 $x = 3\pi/2$ 相同.

```
>> 3*pi/2
ans =
    4.7124
```

可知函数 $\sin x$ 在 $0 < x < 2\pi$ 范围内的最小值的点是 4.7124.

例 10.6　对边长为 5m 的正方形铁板，在 4 个角处减去相等的正方形，以制成方形无盖水槽，问如何剪才能使水槽的容积最大?

解　假设剪去正方形的边长为 x，则水槽的容积为

$$V = (5 - 2x)^2 x.$$

水槽的容积最大的目标函数是 $\max V$，将其转化为标准形式 $\min - V$.

首先建立函数文件:

```
function v=fun106(x)
v=-(5-2*x)^2*x;
```

然后在命令行调用 fminbnd 函数,

```
>>[x,v]=fminbnd(@fun106,0,2.5)
x =
  0.8333
v =
  -9.2593
```

可知，当剪去正方形的边长为 0.8333m 时，水槽的容积最大为 9.2593m^3.

10.3.2　多元函数无约束优化的最优解求解

多元函数无约束优化的标准形式为

$$\min_{x} f(\boldsymbol{x}), \quad \boldsymbol{x} = (x_1, x_2, \cdots, x_n).$$

在 MATLAB 中利用函数 fminunc 和 fminsearch 求解，fminunc 调用格式如下:

- $[x, fval] = fminunc(fun, x0)$　在点 x0 处开始并尝试求 fun

中描述的函数的局部最小值点 x 和函数值 fval;

- $[x, fval] = fminunc(fun, x0, options)$　使用 options 中指定的优化选项求最小值.

fminsearch 调用格式与 fminunc 相同, fminunc 为无约束优化提供了大型优化和中型优化算法, fminsearch 采用简单搜索法. 当函数的阶数大于 2 时, 使用 fminunc 比 fminsearch 更有效, 当函数高度不连续时, 使用 fminsearch 更有效.

例 10.7　求 $f(x, y) = 100(y - x^2)^2 + (1 - x)^2$ 的最小值点.

解　为了对函数有一个直观认识, 先绘制出其三维图形. MATLAB 代码如下:

```
clear
[x,y]=meshgrid(-10:0.01:10);
z=100 * (y-x.^2).^2+(1-x).^2;
mesh(x,y,z)
```

得到图形如图 10-1 所示, 可知 $f(x, y)$ 存在最小值, 可取初始值 x0=[-5, 0].

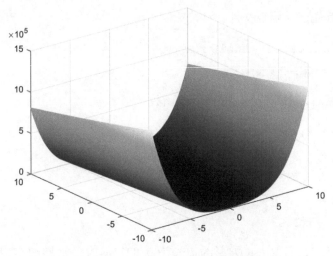

图 10-1　函数 $f(x, y)$ 的三维图形

```
>>fun = @(x)100 * (x(2) - x(1)^2)^2 + (1 - x(1))^2;
>>x0 =[-5,0];
>>x = fminsearch(fun,x0)
x =
  1.0000  1.0000
```

可知, 当 $x = 1$, $y = 1$ 时, $f(x, y)$ 得到最小值.

例 10.8　求 $f(x, y) = 3x^2 + 2xy + y^2 - 4x + 5y$ 的最小值.

解　
```
>>fun = @(x)3 * x(1)^2 + 2 * x(1) * x(2) + x(2)^
2 - 4 * x(1) + 5 * x(2);
>>x0 =[1,1];
>>[x,fval] = fminunc(fun,x0)

Local minimum found.

Optimization completed because the size of
the gradient is less than the value of the op-
timality tolerance.

<stopping criteria details>

x =
  2.2500  -4.7500
fval =
  -16.3750
```

可知当 $x = 2.25$，$y = -4.75$ 时，$f(x,y)$ 得到最小值 -16.375.

例 10.9　（选址问题）某镇为推进新农村建设，准备引进两个环保项目：1) 筹建天然气输送中心，通过管道由输送中心直接向各村输送天然气；2) 筹建垃圾处理站，集中处理各村清扫的垃圾.

该镇有 8 个自然村，各村坐标如下(km)：$(1.2,3)$，$(2.2, 6)$，$(3.5, 4)$，$(5.3, 7)$，$(6.5,8)$，$(7.3,9.1)$，$(8.6,1.2)$，$(9.8,5)$；各村平均每天产生的垃圾车数为 5，7，4，6，9，7，5，8. 求解以下问题：

（1）对于天然气输送中心，如何选址使所需管道总长度最短？所需管道总长度为多少？

（2）对于垃圾处理站，如何选址使垃圾车运输总路程最短？此时垃圾车运输总路程为多少？

解　（1）设各村坐标为 $(x_i,y_i)(i=1,2,\cdots,8)$，天然气输送中心的坐标为 (x,y)，则目标函数为

$$\min z = \sum_{i=1}^{8} \sqrt{(x - x_i)^2 + (y - y_i)^2}$$

MATLAB 代码如下：

```
>> x1 =[1.2 2.2 3.5 5 5.3 6.5 7.3 8.6 9.8];
>> y1 =[3 6 4 7 8 9.1 1.2 5];
>>f=@(x)sum(sqrt((x(1)-x1).^2+(x(2)-y1).^2));
```

```
>> [x,z]=fminsearch(f,[5,3])

x =
    5.4202  6.3464
z =
    28.2618
```

计算结果表明：天然气输送中心应选址在 $(5.4202, 6.3464)$，所需管道长度为 28.2618km．

（2）设各村坐标为 $(x_i, y_i)(i = 1, 2, \cdots, 8)$，垃圾处理站的坐标为 (x, y)，$c_i(i = 1, 2, \cdots, 8)$ 表示各村平均每天产生的垃圾车数，则目标函数为

$$\min z = \sum_{i=1}^{8} c_i \sqrt{(x - x_i)^2 + (y - y_i)^2}.$$

MATLAB 代码如下：

```
>> x1=[1.2 2.2 3.5 5.3 6.5 7.3 8.6 9.8];
>> y1=[3 6 4 7 8 9.1 1.2 5];
>> c=[5 7 4 6 9 7 5 8];
>>f=@(x)sum(c.*(sqrt((x(1)-x1).^2+(x(2)-y1).^2)));
>> [x,z]=fminsearch(f,[5,3])
x =
    5.7115  6.8179
z =
    171.4501
```

计算结果表明：垃圾处理站应选址在 $(5.7115, 6.8179)$，垃圾车总路程为 171.4501km．

习题 10

1. 求解线性规划问题
$$\min f(\boldsymbol{x}) = 3x_1 + 2x_2 - 8x_3 + 5x_4,$$
s. t.
$$\begin{cases} x_1 + 8x_2 + x_3 - x_4 = 2, \\ 3x_1 - 6x_2 + 5x_3 - 2x_4 \leqslant 3, \\ 7x_1 - 3x_2 - x_3 + 3x_4 \leqslant -1, \\ \quad x_1 \geqslant 0, \\ \quad x_3 \geqslant 0. \end{cases}$$

2. 求解线性规划问题
$$\min f(\boldsymbol{x}) = -x_1 + x_2 + x_3 + x_4 - x_5,$$
s. t.
$$\begin{cases} x_3 + 6x_5 = 9, \\ x_1 - 4x_2 + 2x_5 = 2, \\ 2x_2 + x_4 + 2x_5 = 9, \\ x_i \geqslant 0 \quad (i = 1, 2, 3, 4, 5). \end{cases}$$

3. 某饲养场有 5 种饲料. 已知各种饲料的单位价格和每份饲料的蛋白质、矿物质、维生素含

量(如表 10-2 所示)，又知该场每日至少需蛋白质 70 单位、矿物质 3 单位、维生素 10 毫单位. 问如何混合调配这 5 种饲料，才能使总成本最低?

表 10-2　饲料的成分和单价

饲料种类	成　　　分			饲料单价/元
	蛋白质/单位	矿物质/单位	维生素/毫单位	
1	0.30	0.10	0.05	3
2	2.20	0.05	0.10	8
3	1.00	0.02	0.02	5
4	0.60	0.20	0.20	4
5	1.80	0.05	0.08	6

4. 设有两个建材厂 A 和 B，每年沙石的产量分别为 35 万 t 和 55 万 t，这些沙石需要供应到 W_1，W_2，W_3 三个建筑工地，每个建筑工地对沙石的需求量分别为 26 万 t、38 万 t 和 26 万 t，各建材厂到建筑工地之间的运费(万元/万 t)如表 10-3 所示，问应当怎么调运才能使总运费最少?

表 10-3　建材厂到建筑工地的运费

(单位：万元/万 t)

建材厂	工　　　地		
	W_1	W_2	W_3
A	11	13	9
B	7	10	12

5. 计算函数 $f(x) = x^3 - x\ln x$ 在区间 $(0,1)$ 内的最小值.

6. 已知二元函数 $f(x,y) = (x^2 - 3x)\mathrm{e}^{-x^2 - y^2 - xy}$，初值 $x_0 = 2$，$y_0 = 1$，求其最小值.

7. 求函数 $f(x,y) = 8xy - x^3 - y^3 + 2x + 3y$ 的最大值.

第 11 章
插值与拟合实验

在工程实践与科学研究中，人们经常利用函数 $y = f(x)$ 表示一个实际问题中的某种内在规律. 但在很多应用领域，往往只能通过实验或观测得到该函数在某区间上的一系列离散值，也就是得到一个函数表. 而且对于某些有解析表达式的函数，由于它们难以使用或计算复杂，人们也常给出它们的函数表，如大家熟悉的常用对数表、三角函数等. 为了求出不在函数表上的函数值，就需要根据已知数据去构造一个性质良好的简单函数 $p(x)$ 描述数据的变化规律.

本章介绍一维插值、二维插值和拟合相关知识，并利用 MATLAB 解决实际问题.

11.1 插值

测量数据的数据量较小并且数据值是准确的，或者基本没有误差，这时我们一般用插值的方法来解决问题.

视频 11.1 插值

11.1.1 一维插值

已知离散点上的数据集 $\{(x_1, y_1), (x_2, y_2), \cdots, (x_n, y_n)\}$，即已知在点集 $X = \{x_1, x_2, \cdots, x_n\}$ 上的函数值 $Y = \{y_1, y_2, \cdots, y_n\}$，构造一个解析函数（其图形为一曲线）. 通过这些点，能够求出这些点之间的值，这一过程称为一维插值. 完成这一过程可以有多种方法，MATLAB 提供 interp1 函数，这个函数的调用格式为：

$vq = interp1(x, v, xq, method)$ 该命令用指定的算法找出一个一元函数 $v = f(x)$，然后以 $f(x)$ 给出 x_q 处的值. x_q 可以是一个标量，也可以是一个向量，是向量时，必须单调，method 可以是下列方法之一：

- 'linear'：线性插值（默认）；
- 'nearest'：最近邻点插值；
- 'cubic'：三次插值；

- $\,'\mathrm{spline}\,'$：三次样条插值.

例 11.1　已知某产品从 1900 年到 2010 年每隔 10 年的产量为

75. 995，　91. 972，　105. 711，　123. 203，　131. 699，　150. 697，

179. 323，　203. 212，　226. 505，　249. 633，　256. 344，　267. 893.

计算出 1995 年的产量，用三次样条插值的方法，画出每隔一年的插值曲线图形，同时将原始的数据画在同一图上.

解　MATLAB 命令如下：

```
year=1900:10:2010;
product=[75.995,91.972,105.711,123.203,131.699,
         150.697,179.323,203.212,226.505,
         249.633,256.344,267.893]
p1995=interp1(year,product,1995,'spline')
x=1900:2010;
y=interp1(year,product,x,'spline');
plot(year,product,'o',x,y);
```

运行结果为 p1995=254. 4043，如图 11-1a 所示.

如果用线性插值，则程序的后四行改为

```
p1995=interp1(year,product,1995,'linear')
x=1900:2010;
y=interp1(year,product,x,'linear');
plot(year,product,'o',x,y);
```

计算结果为 p1995=252. 9885，如图 11-1b 所示.

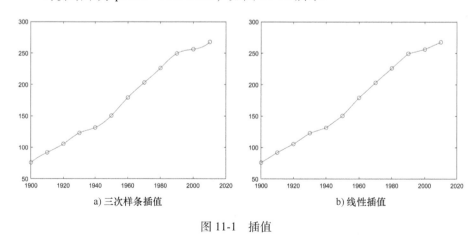

a) 三次样条插值　　　　　　　　　　　b) 线性插值

图 11-1　插值

这两种计算方法得到的数据有微小的差异，这种差异我们从两个图形上也能够看到，主要表现在节点（那些绘制成圆点的点）

的附近. 前者是光滑的, 后者有角点出现.

例 11.2   某日测得从零点开始每隔 2h 的环境温度(以℃计)数据如下:

9, 10, 10, 12, 20, 26, 30, 29, 27, 22, 20, 14, 8

请推测早上 11 点的温度, 并画出这一天的温度曲线.

解   `>> x=0:2:24;`

  `>> y=[9 10 10 12 20 26 30 29 27 22 20 14 8];`

  `>> y1=interp1(x,y,11,'spline')`

  `y1 =`

   `28.4833`

可推测出早上 11 点的温度是 28.48℃.

`>>xi=linspace(0,24,100);`

`>> yi=interp1(x,y,xi,'spline');`

`>> plot(x,y,'o',xi,yi,'-')`

得到这一天的温度曲线, 如图 11-2 所示, 圆圈为插值点, 折线为三次样条曲线.

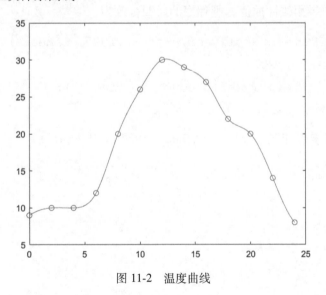

图 11-2   温度曲线

11.1.2   二维插值

已知离散点上的数据集 $\{(x_1,y_1,z_1),(x_2,y_2,z_2),\cdots,(x_n,y_n,z_n)\}$, 即已知在点集 $\{(x_1,y_1),(x_2,y_2),\cdots,(x_n,y_n)\}$ 上的函数值 $\{z_1,z_2,\cdots,z_n\}$, 构造一个解析函数(其图形为一曲面). 通过这些点, 并能够求出这些已知点以外的点的函数值, 这一过程称为**二维插值**. MATLAB 利用 interp2 和 griddata 函数进行插值.

1. 二维网格数据的插值问题

Zi = interp2(X, Y, Z, Xi, Yi, method) 该命令用指定的算法找出一个二元函数 $z = f(x, y)$，然后以 $f(x, y)$ 给出 (x, y) 处的值，返回数据矩阵 Zi. Xi, Yi 是向量，且必须单调，Zi 和 meshgrid(Xi, Yi) 是同类型的. method 可以用下列方法之一：

- 'linear'：线性插值(默认)；
- 'nearest'：最近邻点插值；
- 'cubic'：三次插值；
- 'spline'：三次样条插值.

例 11.3 利用插值方法绘制二元函数 $z = f(x, y) = (x^2 - 2x) e^{-x^2 - y^2 - xy}$ 的图像.

解 假设仅知其中较少的数据，则可以由下面的命令绘制出已知数据的网格图，如图 11-3 所示.

```
[x,y]=meshgrid(-3:.6:3,-2:.4:2);
z=(x.^2-2*x).*exp(-x.^2-y.^2-x.*y);
                        %生成样本点
surf(x,y,z)
axis([-3 3,-2 2,-1,1.5])

[x1,y1]=meshgrid(-3:.2:3,-2:.2:2);
                        %选择更密集的插值点
z1=interp2(x,y,z,x1,y1);    %线性插值
figure(2)
surf(x1,y1,z1)
axis([-3 3,-2 2,-1,1.5])

z2=interp2(x,y,z,x1,y1,'nearest');
                        %最近邻点插值
figure(3)
surf(x1,y1,z2)
axis([-3 3,-2 2,-1,1.5])

z3=interp2(x,y,z,x1,y1,'cubic');
figure(4)
surf(x1,y1,z3)
axis([-3 3,-2 2,-1,1.5])

z4=interp2(x,y,z,x1,y1,'spline');
```

```
figure(5)
surf(x1,y1,z4)
axis([-3 3,-2 2,-1,1.5])
```

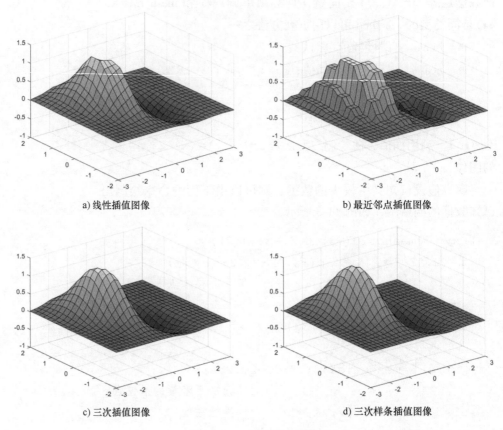

a) 线性插值图像　　　　　　　　　　　　　　　b) 最近邻点插值图像

c) 三次插值图像　　　　　　　　　　　　　　　d) 三次样条插值图像

图 11-3　二元函数插值图像

从图 11-3a、b 可以看出，由这些数据绘制的图形很粗糙.
图 11-3c、d 比较理想.

例 11.4 已知 1950—1990 年间每隔 10 年，服务年限从 10 年到
30 年每隔 10 年的劳动报酬表如表 11-1 所示.

表 11-1　某企业工作人员的月平均工资　　　（单位：元）

年　份	服务年限		
	10	20	30
1950	150.697	169.592	187.652
1960	179.323	195.072	250.287
1970	203.212	239.092	322.767
1980	226.505	273.706	426.730
1990	249.633	370.281	598.243

试计算 1975 年时, 15 年工龄的工作人员平均工资.

解 MATLAB 命令如下:

```
years=1950:10:1990;
service=10:10:30;
wage=[ 150.697 169.592 187.652
       179.323 195.072 250.287
       203.212 239.092 322.767
       226.505 273.706 426.730
       249.633 370.281 598.243]
w=interp2(service,years,wage,15,1975)
```

运行结果为 235.6287. 可知 1975 年时, 15 年工龄的工作人员平均工资为 235.6287 元.

例 11.5 设有数据 $x=1,2,3,4,5,6$, $y=1,2,3,4$, 在由 x, y 构成的网格上, 数据为

$$12, \quad 10, \quad 11, \quad 11, \quad 13, \quad 15$$
$$16, \quad 22, \quad 28, \quad 35, \quad 27, \quad 20$$
$$18, \quad 21, \quad 26, \quad 32, \quad 28, \quad 25$$
$$20, \quad 25, \quad 30, \quad 33, \quad 32, \quad 20$$

画出原始网格图和将网格细化为间隔 0.1 后的插值网格图.

解 MATLAB 命令如下:

```
x=1:6;
y=1:4;
t=[12,10,11,11,13,15;16,22,28,35,27,20;18,21,
26,32,28,25; 20,25,30,33,32,20];
subplot(1,2,1)
mesh(x,y,t)
x1=1:0.1:6;
y1=1:0.1:4;
[x2,y2]=meshgrid(x1,y1);
t1=interp2(x,y,t,x2,y2,'cubic');
subplot(1,2,2)
mesh(x1,y1,t1);
```

运行结果如图 11-4 所示. 图 11-4a 所示是原始的数据图, 图 11-4b 所示是插值网格图.

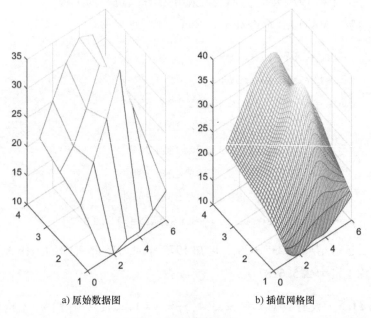

a) 原始数据图　　　　　　　b) 插值网格图

图 11-4　插值网格图

2. 二维散点分布数据的插值问题

通过上面的例子可以看出，MATLAB 提供的二维插值函数还是能较好地进行二维插值运算的. 但该函数有一个重要的缺陷，就是它只能处理以网格形式给出的数据，如果已知数据不是以网格形式给出的，则用该函数是无能为力的. 在实际应用中，大部分问题都是以实测的 (x_i, y_i, z_i) 散点给出的，所以不能直接使用函数 interp2 进行二维插值.

MATLAB 语言提供了一个更一般的 griddata 函数，专门用来解决这样的问题，调用格式如下：

vq = griddata(x, y, v, xq, yq, method)　　该命令用以处理插值基点为散点的插值问题，变量含义与 interp2 相同，但不要求 x、y 分量数值单调，所用插值方法也有所不同，method 可以用下列方法之一：

- 'linear'：基于三角剖分的线性插值（默认）；
- 'nearest'：基于三角剖分的最近邻点插值；
- 'natural'：基于三角剖分的自然邻点插值；
- 'cubic'：基于三角剖分的三次插值；
- 'v4'：双调和样条插值.

例 11.6　已知某处山区地形选点测量坐标数据为

x = 0　0.5　1　1.5　2　2.5　3　3.5　4　4.5　5

y = 0　0.5　1　1.5　2　2.5　3　3.5　4　4.5　5　5.5　6

海拔数据(单位：m)为

$z=$ 89 90 87 85 92 91 96 93 90 87 82

92 96 98 99 95 91 89 86 84 82 84

96 98 95 92 90 88 85 84 83 81 85

80 81 82 89 95 96 93 92 89 86 86

82 85 87 98 99 96 97 88 85 82 83

82 85 89 94 95 93 92 91 86 84 88

88 92 93 94 95 89 87 86 83 81 92

92 96 97 98 96 93 95 84 82 81 84

85 85 81 82 80 80 81 85 90 93 95

84 86 81 98 99 98 97 96 95 84 87

80 81 85 82 83 84 87 90 95 86 88

80 82 81 84 85 86 83 82 81 80 82

87 88 89 98 99 97 96 98 94 92 87

请画出山区的地形地貌图.

解 MATLAB 命令如下：

```
x=0:.5:5; y=0:.5:6;
[xx,yy]=meshgrid(x,y);
z=[89 90 87 85 92 91 96 93 90 87 82; 92 96 98 99 95 91
   89 86 84 82 84;
   96 98 95 92 90 88 85 84 83 81 85; 80 81 82 89 95 96
   93 92 89 86 86;
   82 85 87 98 99 96 97 88 85 82 83; 82 85 89 94 95 93
   92 91 86 84 88;
   88 92 93 94 95 89 87 86 83 81 92; 92 96 97 98 96 93
   95 84 82 81 84;
   85 85 81 82 80 80 81 85 90 93 95; 84 86 81 98 99 98
   97 96 95 84 87;
   80 81 85 82 83 84 87 90 95 86 88;80 82 81 84 85 86
   83 82 81 80 82;
   87 88 89 98 99 97 96 98 94 92 87];
mesh(xx,yy,z)              %原始地貌图(见图 11-5a)
xi=linspace(0,5,50);      %加密横坐标数据到 50 个
yi=linspace(0,6,80);      %加密纵坐标数据到 80 个
[xii,yii]=meshgrid(xi,yi);   %生成网格数据
```

```
zii=interp2(x,y,z,xii,yii,'cubic');  %插值
figure;mesh(xii,yii,zii)        %加密后的地貌图(见
                                 图11-5b)
```

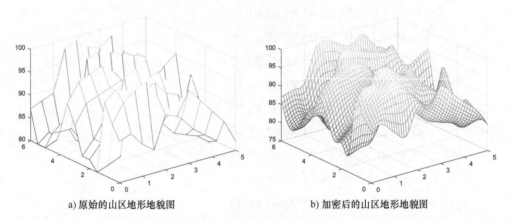

a) 原始的山区地形地貌图   b) 加密后的山区地形地貌图

图 11-5   山区地形地貌图

例 11.7   (海底曲面图)某海域测得一些点(x,y)处的水深z由表 11-2 给出,在矩形区域$(75,200)\times(-50,150)$内画出海底曲面的图形.

表 11-2   海底测量数据

x	129	140	103.5	88	185.5	195	105
y	7.5	141.5	23	147	22.5	137.5	85.5
z	4	8	6	8	6	8	8
x	157.5	107.5	77	81	162	162	117.5
y	-6.5	-81	3	56.5	-66.5	84	-33.5
z	9	9	8	8	9	4	9

解   MATLAB 命令如下:

```
x=[129 140 103.5 88 185.5  195 105 157.5 107.5  77
    81  162  162  117.5];
y=[7.5 141.5 23 147 22.5 137.5 85.5  -6.5 -81  3
    56.5 -66.5 84 -33.5];
z=-[4 8  6  8  6  8  8  9  9  8  9  4  9];
plot3(x,y,z,'o');hold on         %原始数据点
cx=75:0.5:200;cy=-70:0.5:150;
cz=griddata(x,y,z,cx,cy','v4');   %插值
mesh(cx,cy,cz)
```

运行后得到的图形如图 11-6 所示.

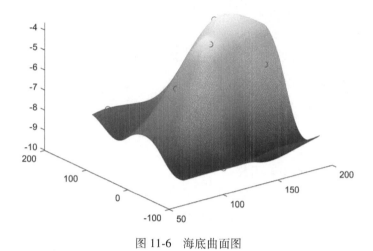

图 11-6　海底曲面图

11.2　拟合

测量数据的数据量较大或者测量值与真实值有误差，这时一般用曲线拟合的方法来解决问题.

已知离散点上的数据集 $\{(x_1,y_1),(x_2,y_2),\cdots,(x_n,y_n)\}$，即已知在点集 $X=\{x_1,x_2,\cdots,x_n\}$ 上的函数值 $Y=\{y_1,y_2,\cdots,y_n\}$，构造一个解析函数 $f(x)$（其图形为一曲线），使 $f(x)$ 在原离散点 x_i 上的值尽可能接近给定的 y_i 值，这一构造函数 $f(x)$ 的过程称为曲线拟合. 最常用的曲线拟合方法是最小二乘法，该方法是寻找函数 $f(x)$ 使得 $M=\sum_{i=1}^{n}(f(x_i)-y_i)^2$ 最小. 在 MATLAB 中，利用 polyfit 和 lsqcurvefit 函数进行拟合.

视频 11.2　拟合

11.2.1　多项式拟合

polyfit 函数调用格式如下：

- p=polyfit(x,y,n)　其中 x 和 y 是节点数据向量，n 是多项式的次数；p 是返回的多项式 $p(x)=p_1x^n+p_2x^{n-1}+\cdots+p_nx+p_{n+1}$ 系数向量，系数按降幂排列，p 的长度为 n+1.

例 11.8　求如下给定数据的拟合曲线：x=[0.5,1.0,1.5,2.0,2.5,3.0]，y=[1.75,2.45,3.81,4.80,7.00,8.60].

解　MATLAB 命令如下：

```
x=[0.5,1.0,1.5,2.0,2.5,3.0];
y=[1.75,2.45,3.81,4.80,7.00,8.60];
p=polyfit(x,y,2)
```

%选取次数的时候,次数长度不得超过 length(x)-1
x1=0.5:0.05:3.0;
y1=polyval(p,x1);   %求以 p 为系数的多项式的值
plot(x,y,'＊r',x1,y1,'-b')

运行结果:

p =0.5614 0.8287 1.1560

此结果表示拟合函数

$$f(x) = 0.5614x^2 + 0.8287x + 1.1560$$

用此函数拟合数据的效果如图 11-7 所示.

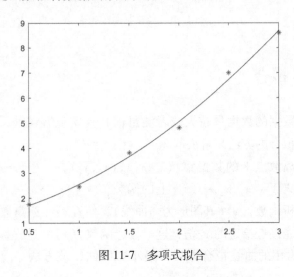

图 11-7 多项式拟合

例 11.9 某企业 2015—2021 年的生产利润如表 11-3 所示. 试预测 2022 年的利润.

表 11-3 生产利润

年　　份	2015	2016	2017	2018	2019	2020	2021
利润/万元	70	122	144	152	174	196	202

解 作已知数据的散点图.

>>x0=[2015 2016 2017 2018 2019 2020 2021];
>>y0=[70 122 144 152 174 196 202];
>> plot(x0,y0,'＊')

发现该企业的年生产利润几乎直线上升, 如图 11-8 所示. 因此, 我们可以用 $y = a_1 x + a_0$ 作为拟合函数来预测该乡镇企业未来的利润.

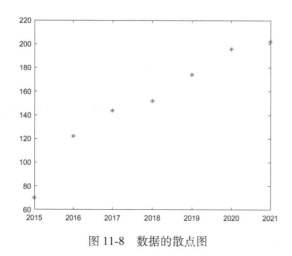

图 11-8　数据的散点图

```
>> x0=[2015 2016 2017 2018 2019 2020 2021];
>>y0=[70  122  144  152  174  196  202];
>> p=polyfit(x0,y0,1)
p =
  1.0e+04 *
    0.0021  -4.1197
>> y2022=polyval(p,2022)
y2022 =
  253.9286
```

求得 $a_1 = 21$，$a_0 = -4.1197 \times 10^4$，2022 年的生产利润为 253.9286 万元.

例 11.10　表 11-4 列出了某年全国 1~8 月的两市股票交易成交金额的相关统计数据. 试用多项式拟合这些数据.

表 11-4　某年 1~8 月两市股票交易成交金额

月份	1 月	2 月	3 月	4 月	5 月	6 月	7 月	8 月
沪市交易额/亿元	9775.4	12576.8	24531.3	39801.8	40983.6	23484.6	48739.4	33862.7
深市交易额/亿元	7837.5	9847.9	12938.8	28938.7	23648.4	17374.1	26363.6	24837.5

解　先绘制离散点，再进行拟合. MATLAB 命令如下:

```
m=1:8;
sh=[9775.4 12576.8 24531.3 39801.8 40983.6
```

```
        23484.6 48739.4 33862.7]/1e4;
sz=[7837.5 9847.9 12938.8 28938.7 23648.4
        17374.1 26363.6 24837.5]/1e4;
plot(m,sh,'*',m,sz,'o')              %绘制已知数据的离散点
p1=polyfit(m,sh,7);                  %7 次多项式拟合
p2=polyfit(m,sz,7);                  %7 次多项式拟合
hold on
f=@(x)[polyval(p1,x),polyval(p2,x)]
                                     %匿名函数 f
h=fplot(f,[1,8]);                    %绘制匿名函数 f 的图像
legend(h,'上海股票交易成交金额','深圳股票交易成交金额',
'location','northwest')
xlabel('月份')
ylabel('股票交易额(万亿元)')
```

运行结果如图 11-9 所示, 可知利用 7 次多项式拟合效果很好.

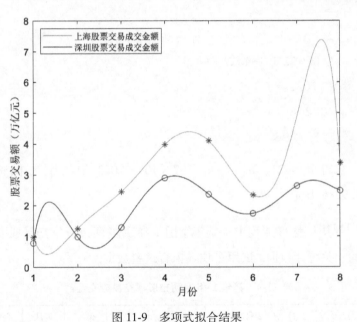

图 11-9 多项式拟合结果

11.2.2 **非线性拟合**

lsqcurvefit 函数是 MATLAB 提供的用于求解非线性最小二乘拟合问题的专用函数, 用作各种类型曲线的拟合, 调用格式如下:

x=lsqcurvefit(fun,x0,xdata,ydata) 其中, fun 是非线性函数模型; x0 是求解初始值; xdata 和 ydata 是原始输入和输出数据向量; 返回值 x 为拟合输出的未知参数.

例 11.11　用最小二乘法求形如 $y = ae^{bx}$ 的函数拟合表 11-5 的数据.

表 11-5　拟合数据

x	0.1	0.2	0.15	0	-0.2	0.3
y	0.95	0.84	0.86	1.06	1.50	0.72

解　先将参数 a，b 合写为 c，编写如下程序：

```
fun=@(c,x)c(1)*exp(c(2)*x)
x=[0.1,0.2,0.15,0,-0.2,0.3];
y=[0.95,0.84,0.86,1.06,1.50,0.72];
c=lsqcurvefit(fun,[0,0],x,y)
norm(feval(fun,c,x)-y)^2
```

其中，[0,0]是初始值，最后一句是计算残差的平方和，也就是拟合函数在给定点的值和原始数据的差的平方和，运行结果为：

```
Optimization terminated: relative function value
changing by less than OPTIONS.TolFun.
c = 1.0997  -1.4923
ans=0.0031
```

可得 $a = 1.0997$，$b = -1.4923$，拟合函数为 $y = 1.0997e^{-1.4923}$.
ans = 0.0031 说明残差很小.

例 11.12　某地区从 1954—2005 年总人口的数据如表 11-6 所示，请预测 2019 年和 2030 年该地区的总人口数.

表 11-6　1954—2005 年某地区总人口　　（单位：万人）

年份	1954	1955	1956	1957	1958	1959	1960	1961	1962
总人口	60.2	61.5	62.8	64.6	66.0	67.2	66.2	65.9	67.3
年份	1963	1964	1965	1966	1967	1968	1969	1970	1971
总人口	69.1	70.4	72.5	74.5	76.3	78.5	80.7	83.0	85.2
年份	1972	1973	1974	1975	1976	1977	1978	1979	1980
总人口	87.1	89.2	90.9	92.4	93.7	95.0	96.259	97.5	98.705
年份	1981	1982	1983	1984	1985	1986	1987	1988	1989
总人口	100.1	101.654	103.008	104.357	105.851	107.5	109.3	111.026	112.704
年份	1990	1991	1992	1993	1994	1995	1996	1997	1998
总人口	114.333	115.823	117.171	118.517	119.850	121.121	122.389	123.626	124.761
年份	1999	2000	2001	2002	2003	2004	2005		
总人口	125.786	126.743	127.627	128.453	129.277	129.988	130.756		

解　因为逻辑斯蒂(Logistic)人口模型的基本形式为

$$N=\frac{N_{\mathrm{m}}}{1+\left(\dfrac{N_{\mathrm{m}}}{N_{0}}-1\right)\mathrm{e}^{-r(t-t_{0})}},$$

其中，$t_{0}=1954$，$N_{0}=60.2$. 当 $t\rightarrow+\infty$ 时，人口数量达到最大值 N_{m}.

首先定义函数文件 fun1112：

```
function f=fun1112(x,t)
f=x(1)./(1+(x(1)/60.2-1).*exp(-x(2).*(t-
1954)));
```

MATLAB 命令如下：

```
clear
t0=1954:2005;
y0=[60.2 61.5 62.8 64.6 66.0 67.2 66.2 65.9 67.3
    69.1 70.4 72.5
    74.5 76.3  78.5 80.7 83.0  85.2 87.1  89.2
    90.9 92.4  93.7 95.0
    96.259 97.5 98.705 100.1 101.654 103.008
    104.357 105.851 107.5
    109.3 111.026 112.704 114.333 115.823 117.171
    118.517 119.850
    121.121 122.389 123.626 124.761 125.786
    126.743 127.627
    128.453 129.277 129.988 130.756];
x=[0.03,250];
a=lsqcurvefit(@fun1112,x,t0,y0)
plot(t0,y0,'o')
hold on
lt=1954:0.1:2040;
ly=fun1112(a,lt);          %调用函数文件
plot(lt,ly)
t1=[2019,2030];
y1=fun1112(a,t1)           %调用函数文件
hold off
```

运行结果：

```
Local minimum possible.
```

```
lsqcurvefit stopped because the final change in
the sum of squares relative to its initial value is
less than the value of the function tolerance.
<stopping criteria details>
a =
   0.0336   181.0280
y1 =
   147.6920   156.6069
```

得到图形如图 11-10 所示.

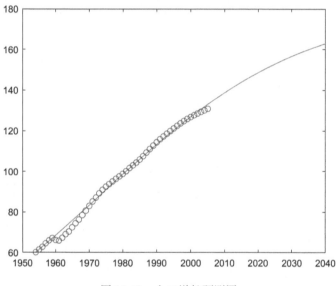

图 11-10　人口增长预测图

从图 11-10 可以看出，拟合效果较好，2019 年该地区总人数为 147.6920 万人，接近该地区的实际人口数 140.005 万人，并预计 2030 年该地区总人数为 156.6069 万人.

MATLAB 工具箱提供了命令 cftool，该命令给出了一维数据拟合的交互式环境. 具体执行步骤如下：

（1）把数据导入到工作空间；

（2）运行 cftool，打开用户图形界面窗口；

（3）对数据进行预处理；

（4）选择适当的模型进行拟合；

（5）生成一些相关的统计量，并进行预测.

可以通过帮助（运行 doc cftool）熟悉该命令的使用细节.

习题 11

1. 已知 $x = [0.1, 0.8, 1.3, 1.9, 2.5, 3.1]$，$y = [1.2, 1.6, 2.7, 2.0, 1.3, 0.5]$，利用数据进行线性插值和 3 次样条插值，求 $x = 2.0$ 处的值.

2. 已知观测数据对 (x, y) 如下：

$x = [-2.0, -1.5, -1.0, -0.5, 0, 0.5, 1.0, 1.5, 2.0]$，

$y = [0.2, 0.31, 0.5, 0.8, 1.0, 0.8, 0.5, 0.31, 0.2]$.

现求在自变量 $x_0 = [-1.8, -1.3, -0.7, 0.7, 1.2, 1.7]$ 处的 y_0 值. 用不同的插值方法，比较其结果.

3. 已知二元函数 $z = f(x, y)$ 在点集 $D = \{(x, y) \mid x = 0, 1, 2, 3, 4; y = 0, 1, 2, 3, 4\}$ 上的值为

$$\begin{bmatrix} 4 & 0 & -4 & 0 & 4 \\ 3 & 2 & -2 & 2 & 3 \\ 2 & 1 & 0 & 1 & 2 \\ 3 & 2 & -2 & 2 & 3 \\ 4 & 0 & -4 & 0 & 4 \end{bmatrix},$$

其中，左上角位置表示 $(0, 0)$ 处的值，右下角位置表示 $(4, 4)$ 处的值，画出原始网格图和将网格细化为间隔为 0.1 后的插值网格图.

4. 已知 $x = [0.6, 1.0, 1.4, 1.8, 2.2, 2.6, 3.0, 3.4, 3.8, 4]$，$y = [0.08, 0.22, 0.31, 0.4, 0.48, 0.56, 0.67, 0.75, 0.8, 1.0]$ 是某市家庭收入 x 与家庭储蓄 y 之间的一组调查数据（单位：万元），试建立 x 与 y 的线性函数经验公式.

5. 已知 $x = [1.2, 1.8, 2.1, 2.4, 2.6, 3.0, 3.3]$，$y = [4.85, 5.2, 5.6, 6.2, 6.5, 7.0, 7.5]$，利用数据进行 4 次和 5 次多项式拟合，并画出相应的图形.

6. 假定某天的气温变化记录如表 11-7 所示，试用最小二乘法找出这一天的气温变化规律.

表 11-7　气温变化记录表

t/h	0	1	2	3	4	5	6	7
$T/℃$	15	14	14	14	14	15	16	18
t/h	8	9	10	13	14	15	16	17
$T/℃$	20	22	23	31	32	31	29	27
t/h	18	19	20	21	22	23		
$T/℃$	25	24	22	20	18	17		

考虑下列类型函数，得到残差，并作图比较

效果：

（1）二次多项式函数；

（2）三次多项式函数.

7. 测得铜导线在温度 T（℃）时的电阻 R（Ω）如表 11-8 所示，求电阻 R 与温度 T 的近似函数关系.

表 11-8　铜导线电阻

$T/℃$	19.1	25.0	30.1	36.0	40.0	45.1	50.0
$R/Ω$	76.30	77.80	79.25	80.80	82.35	83.90	85.10

（物理上：金属的电阻 R（Ω）随温度 T（℃）变化的关系为 $R = R_0(1 + at)$，式中 a 为电阻温度系数.）

8. 全国大学生数学建模竞赛 C 题（酒后血液酒精浓度）中给出某人在短时间内喝下两瓶啤酒后，间隔一定的时间测量他的血液中酒精含量 y（mg/百 mL），得到的数据如表 11-9 所示.

表 11-9　酒精含量

时间/h	0.25	0.5	0.75	1	1.5	2	2.5	3
酒精含量/(mg/百 mL)	30	68	75	82	82	77	68	68
时间/h	3.5	4	4.5	5	6	7	8	9
酒精含量/(mg/百 mL)	58	51	50	41	38	35	28	25
时间/h	10	11	12	13	14	15	16	
酒精含量/(mg/百 mL)	18	15	12	10	7	7	4	

通过建立微分方程模型得到短时间内喝酒后血液中酒精浓度与时间的关系为

$$y = c_1(e^{-c_2 t} - e^{-c_3 t}),$$

请根据实验数据，利用 MATLAB 中非线性拟合函数 lsqcurvefit，确定模型中的参数 c_1，c_2，c_3.

9. 已知某污染物在反应器中的浓度 c 随反应时间 t 的变化数据如下：

$t = [0.27, 0.6, 1.0, 1.7, 2, 3, 4, 6]$，$c = [19.27, 18.25, 16.34, 14.30, 12.43, 9.42, 6.45, 5.37]$.

拟合出函数 $c(t) = c_0 e^{-kt}$ 中的系数 c_0 和 k.

10. 数据插值和数据拟合有什么区别呢？

提 高 篇

保密通信在军事、政治、经济斗争和竞争中的重要性是不言而喻的. 在斗争或竞争中, 甲方要将信息传递给乙方的接收者, 同时又要防止其他人(特别是敌方)知道信息的内容. 常采用的一种方式是: 将原来的信息(称为明文)经过加密, 变成密文之后发送出去, 使敌方即使得到密文也读不懂, 而合法的接收者收到密文之后却可以按照预先约定好的方法加以解密, 再翻译成明文. 而敌方却要千方百计从密文破译出明文来. 一方想尽一切办法编制密码使之不易被破译, 另一方则要找到其弱点加以破译, 这就构成了密码学的主要内容.

视频 12 Hill₂ 密码
与解密

从密码学的发展来看, 密码可分为古典密码(即以字符为基本加密单元的密码), 以及现代密码(即以信息块为基本加密单元的密码).

本章介绍 Hill 密码中加密和解密原理.

12.1 Hill₂ 密码加密

一般的加密过程是这样的:

明文⇒加密器⇒密文⇒普通信道⇒解密器⇒明文.

其中在"普通信道⇒解密器"这个环节, 信息容易被敌方截获并加以分析.

在这个过程中, 运用的数学手段是矩阵运算, 加密过程的具体步骤如下:

1) 根据明文字母的表值, 将明文信息用数字表示. 设明文信息只需要 26 个拼音大写字母 A—Z(也可以不止 26 个, 如还有小写字母、数字、标点符号等), 通信双方给出这 26 个字母表值(见表 12-1).

表 12-1 明文字母的表值

A	B	C	D	E	F	G	H	I	J	K	L	M
1	2	3	4	5	6	7	8	9	10	11	12	13
N	O	P	Q	R	S	T	U	V	W	X	Y	Z
14	15	16	17	18	19	20	21	22	23	24	25	0

2）选择一个二阶可逆整数方阵 A，称为 $Hill_2$ 密码的加密矩阵，它是这个加密体制的"密钥"（是加密的关键，仅通信双方掌握）.

3）将明文字母依次逐对分组. $Hill_2$ 密码的加密矩阵为二阶矩阵，则明文字母每 2 个一组（可以推广至 $Hill_n$ 密码，则每 n 个明文字母为一组）. 若最后一组仅有一个字母，则补充一个没有实际意义的哑字母，这样使每一组都由 2 个明文字母组成. 查出每个明文字母的表值，构成一个二维列向量 $\boldsymbol{\alpha}$.

4）A 乘以 $\boldsymbol{\alpha}$，得一新的二维列向量 $\boldsymbol{\beta} = A\boldsymbol{\alpha}$，由 $\boldsymbol{\beta}$ 的两个分量反查字母表值得到的两个字母即为密文字母.

以上 4 步即为 $Hill_2$ 密码的加密过程. 解密过程，即为上述过程的逆过程.

例 12.1　明文为 WAWDZG（"我爱我的祖国"的拼音缩写），密钥为 $A = \begin{pmatrix} 1 & 2 \\ 0 & 3 \end{pmatrix}$，求这段明文的 $Hill_2$ 密文.

解　将明文相邻字母每 2 个分为一组：

$$WA \ WD \ ZG, \tag{12-1}$$

查表 12-1 得到每对字母的表值，并构造二维列向量

$$\begin{pmatrix} 23 \\ 1 \end{pmatrix}, \begin{pmatrix} 23 \\ 4 \end{pmatrix}, \begin{pmatrix} 0 \\ 7 \end{pmatrix}, \tag{12-2}$$

将上述 3 个向量左乘矩阵 A，得到 3 个二维列向量

$$\begin{pmatrix} 25 \\ 3 \end{pmatrix}, \begin{pmatrix} 31 \\ 12 \end{pmatrix}, \begin{pmatrix} 14 \\ 21 \end{pmatrix}, \tag{12-3}$$

做模 26 运算（每个元素都加减 26 的整数倍，使其化为 0~25 之间的一个整数）得到

$$\begin{pmatrix} 25 \\ 3 \end{pmatrix} (\bmod 26) = \begin{pmatrix} 25 \\ 3 \end{pmatrix} \text{、} \begin{pmatrix} 31 \\ 12 \end{pmatrix} (\bmod 26) = \begin{pmatrix} 5 \\ 12 \end{pmatrix} \text{、} \begin{pmatrix} 14 \\ 21 \end{pmatrix} (\bmod 26) = \begin{pmatrix} 14 \\ 21 \end{pmatrix}.$$

反查表 12-1 得到每对表值对应的字母为

$$YC \ EL \ NU \tag{12-4}$$

这就得到了密文"YCELNU".

12.2　$Hill_2$ 密码解密

要将例 12.1 中的密文解密，只要将上述加密过程逆转回去，即将密文按同样方式分组，查它们的表值即得

$$\binom{25}{3}, \binom{5}{12}, \binom{14}{21}. \tag{12-5}$$

式(12-5)是前面的式(12-3)经模 26 运算的结果. 但如何由式(12-5)中的向量求得式(12-2)中的向量呢? 这是在模运算意义下, 如何解方程组

$$A\boldsymbol{\alpha}=\boldsymbol{\beta} \tag{12-6}$$

的问题. 一个一般的 n 阶方阵可逆的充要条件为 $\det(A)\neq 0$. 但在模 26 意义下矩阵可逆与一般的矩阵可逆有所不同. 记整数集合 $Z_m=\{0,1,2,\cdots,m-1\}$, m 为一正整数, 模 m 可逆定义如下:

定义 12.1　对于一个元素属于集合 Z_m 的 n 阶方阵 A, 若存在一个元素属于集合 Z_m 的方阵 B, 使得

$$AB=BA=E(\mathrm{mod}m),$$

称 A 为模 m 可逆, B 为 A 的模 m 逆矩阵, 记为 $B=A^{-1}(\mathrm{mod}m)$.

$E(\mathrm{mod}m)$ 的意义是, 每一个元素减去 m 的整数倍后, 可以化成单位矩阵. 例如:

$$\begin{pmatrix} 27 & 52 \\ 26 & 53 \end{pmatrix}(\mathrm{mod}26)=E.$$

定义 12.2　对于 Z_m 中的一个整数 a, 若存在 Z_m 中的一个整数 b, 使得 $ab=1(\mathrm{mod}m)$, 则称 b 为 a 的模 m 倒数或乘法逆, 记作 $b=a^{-1}(\mathrm{mod}m)$.

可以证明, 如果 a 与 m 无公共素数因子, 则 a 有唯一的模 m 倒数(素数是指除了 1 与自身外, 不能被其他非零整数整除的正整数), 反之亦然. 例如, $3^{-1}=9(\mathrm{mod}26)$. 利用这一点, 可以证明下述命题:

命题　元素属于 Z_m 的方阵 A 模 m 可逆的充要条件是, m 和 $\det(A)$ 没有公共素数因子, 即 m 和 $\det(A)$ 互素.

显然, 所选加密矩阵必须符合该命题的条件.

若 $m=26$, 26 的素数因子为 2 和 13, 所以 Z_{26} 上的方阵 A 可逆的充要条件为 $\det(A)(\mathrm{mod}m)$ 不能被 2 和 13 整除. 设 $A=\begin{pmatrix} a & b \\ c & d \end{pmatrix}$, 若 A 满足命题的条件, 不难验证

$$A^{-1} = (ad-bc)^{-1} \begin{pmatrix} d & -b \\ -c & a \end{pmatrix} (\bmod 26),$$

其中，$(ad-bc)^{-1}$ 是 $(ad-bc)(\bmod 26)$ 的倒数. 显然，$(ad-bc)^{-1}(\bmod 26)$ 是 Z_{26} 中的数. Z_{26} 中有模 26 倒数的整数及其模 26 倒数可见表 12-2.

表 12-2　模 26 倒数表

a	1	3	5	7	9	11	15	17	19	21	23	25
a^{-1}	1	9	21	15	3	19	7	23	11	5	17	25

表 12-2 可用下列程序求得:

```
m=26;
for a=1:m
    for i=1:m
     if mod(a*i, m)==1
      fprintf('The INVERSE (mod%d) of number: %d
is: %d\n', m, a, i)
    end; end; end
```

若 $A = \begin{pmatrix} 1 & 2 \\ 0 & 3 \end{pmatrix}$，则 A 的模 26 逆矩阵

$$\begin{aligned}
A^{-1}(\bmod 26) &= 3^{-1} \begin{pmatrix} 3 & -2 \\ 0 & 1 \end{pmatrix} (\bmod 26) \\
&= 9 \begin{pmatrix} 3 & -2 \\ 0 & 1 \end{pmatrix} (\bmod 26) \\
&= \begin{pmatrix} 27 & -18 \\ 0 & 9 \end{pmatrix} (\bmod 26) \\
&= \begin{pmatrix} 1 & 8 \\ 0 & 9 \end{pmatrix} (\bmod 26) = B.
\end{aligned}$$

于是，可以简单地计算得到

$$B \begin{pmatrix} 25 \\ 3 \end{pmatrix} = \begin{pmatrix} 49 \\ 27 \end{pmatrix}, \quad B \begin{pmatrix} 5 \\ 12 \end{pmatrix} = \begin{pmatrix} 101 \\ 108 \end{pmatrix}, \quad B \begin{pmatrix} 14 \\ 21 \end{pmatrix} = \begin{pmatrix} 182 \\ 189 \end{pmatrix},$$

再进行模 26 运算后得到

$$\begin{pmatrix} 23 \\ 1 \end{pmatrix}、\begin{pmatrix} 23 \\ 4 \end{pmatrix}、\begin{pmatrix} 0 \\ 7 \end{pmatrix},$$

即得到明文: WA WD ZG.

例 12.2　甲方收到与之有秘密通信往来的乙方的一个密文信息，密文内容为

WKVACPEAOCIXGWIZUROQWAB

ALOHDKCEAFCLWWCVLEMIMCC

按照甲方与乙方的约定，他们之间的密文通信采用 Hill_2 密码，密钥为二阶矩阵 $A = \begin{pmatrix} 1 & 2 \\ 0 & 3 \end{pmatrix}$. 问这段密文的原文是什么？

解 已知密钥 $A = \begin{pmatrix} 1 & 2 \\ 0 & 3 \end{pmatrix}$ 的逆矩阵是 $B = \begin{pmatrix} 1 & 8 \\ 0 & 9 \end{pmatrix}$，根据解密方法，得到分组明文如表 12-3 所示.

于是，原文为

GU DIAN MI MA SHI YI ZI FU WEI JI

BEN JIA MI DAN YUAN DE MI MAA

即为：“古典密码是以字符为基本加密单元的密码”.

表 12-3 分组明文

序号	分组密文	密文表值	明文表值	分组明文
1	W	23	7	G
	K	11	21	U
2	V	22	4	D
	A	1	9	I
3	C	3	1	A
	P	16	14	N
4	E	5	13	M
	A	1	9	I
5	O	15	13	M
	C	3	1	A
6	I	9	19	S
	X	24	8	H
7	G	7	9	I
	W	23	25	Y
8	I	9	9	I
	Z	0	0	Z
9	U	21	9	I
	R	18	6	F
10	O	15	21	U
	Q	17	23	W
11	W	23	5	E
	A	1	9	I

（续）

序号	分组密文	密文表值	明文表值	分组明文
12	B	2	10	J
	A	1	9	I
13	L	12	2	B
	O	15	5	E
14	H	8	14	N
	D	4	10	J
15	K	11	9	I
	C	3	1	A
16	E	5	13	M
	A	1	9	I
17	F	6	4	D
	C	3	1	A
18	L	12	14	N
	W	23	25	Y
19	W	23	21	U
	C	3	1	A
20	V	22	14	N
	L	12	4	D
21	E	5	5	E
	M	13	13	M
22	I	9	9	I
	M	13	13	M
23	C	3	1	A
	C	3	1	A

12.3　MATLAB 求解

- C＝char(A)　将数组 A 转换为字符数组.

从 32 到 127 的整数对应于可打印的 ASCII 字符. ASCII 字符表中 65 到 90 的整数代表大写拉丁字母 A 到 Z.

例 12.3　字符函数 char 举例.

```
>> A =[77 65 84 76 65 66];
>> C = char(A)
C =
```

```
'MATLAB'
>>whos C
 Name  Size    Bytes Class  Attributes
 C     1x6       12  char
>> a='Hello,World';
>> double(a)
ans=
 72 101 108 108 111 44 87 111 114 108 100
```

例 12.4 加密过程可以通过 MATLAB 编程直接得到密文，程序如下：

```
m=26;enmat=[1 2;0 3];ZERO=64;c=[];e1=[];
astr=input('输入要加密的明文文字(全部为大写拉丁字
母):')
while any(double(astr)>90|double(astr)<65)
    astr=input('输入错误,应该全部为大写拉丁字母:')
end
a1=double(astr);lh=length(a1);
if mod(length(a1), 2)==1
    a1=[a1, a1(length(a1))];
end
a1=a1-ZERO;
for i=1:length(a1)
    if a1(i)==26
        a1(i)=0;
    end
end
c=reshape(a1, 2, length(a1)/2);
d1=mod(enmat*c, m);
e1=reshape(d1, length(a1), 1);
e1=e1';
e1=e1+ZERO;
for i=1:length(e1)
    if e1(i)==64
        e1(i)=90;
    end
end
```

```
e1=e1(1:lh);
char(e1)                    %将 e1 的每个数值转换为字符
```

例 12.5　解密过程可以通过 MATLAB 编程直接得到原文，程序如下：

```
m=26;
enmat=[1,2;0,3];
demat=[1,8;0,9];
ZERO=64;
c=[];
e1=[];
astr=input('输入要解密的密文文字(全部为大写拉丁字母):')
while any(double(astr)>90|double(astr)<65)
  astr=input('输入错误,全部应该为大写拉丁字母:')
end
a1=double(astr);
lh=length(a1);
if mod(length(a1),2)==1
  a1=[a1,a1(length(a1))];
end
a1=a1-ZERO;
for i=1:length(a1)
  if a1(i)==26
    a1(i)=0;
  end
end
c=reshape(a1,2,length(a1)/2);
d1=mod(demat*c,m);
e1=reshape(d1,length(a1),1);
e1=e1';
e1=e1+ZERO;
for i=1:length(e1)
    if e1(i)==64
    e1(i)=90;
  end
end
e1=e1(1:lh);
char(e1)
```

习题 12

1. 请将"HELLO，WORLD"转换成 ASCII 码.

2. 请将 $A = [77\ 65\ 84\ 76\ 65\ 66]$ 转换成字符数组.

3. 在 Z_{26} 上矩阵 $A = \begin{pmatrix} 1 & 4 \\ 0 & 5 \end{pmatrix}$ 是否可逆？若可逆，请求出在模 26 意义下的可逆矩阵.

4. 取 $A = \begin{pmatrix} 1 & 2 \\ 0 & 3 \end{pmatrix}$，则 $A^{-1} = \begin{pmatrix} 1 & 8 \\ 0 & 9 \end{pmatrix}$，用 A 加密 THANK YOU，再用 A^{-1} 对密文解密.

5. 甲方截获了一段密文：

MOFAXJEABAUCRSXJ
LUYHQATCZHWBCSCP

经分析这段密文是用 Hill$_2$ 密码编译的，且这段密文的字母 U C R S 依次代表字母 T A C O，问：能否破译这段密文的内容？

6. 明文为 SHUXUESHIYAN（"数学实验"的拼音），密钥为 $A = \begin{pmatrix} 1 & 0 \\ 3 & 9 \end{pmatrix}$，求这段明文的 Hill$_2$ 密文.

7. 有密文：GOQBXCBUGLOSNFAL. 根据英文的行文习惯以及获取密码的途径和背景，猜测是两个字母为一组的 Hill 密码，前四个明文字母是 DEAR，试破译这段密文.

图论(Graph Theory)是数学的一个分支，它以图为研究对象. 图论中的图是由若干给定的点及连接两点的线所构成的图形，这种图形通常用来描述某些事物之间的某种特定关系，用点代表事物，用连接两点的线表示相应两个事物间具有这种关系.

最小生成树问题是图论中最基本的理论之一，在电路设计、运输网络等方面有很高的实用价值. 正确地理解掌握如何构造连通图的最小生成树问题，将会给我们带来巨大的经济效益和社会效益. 例如要在 n 个城市之间铺设光缆，主要目标是要使这 n 个城市的任意两个之间都可以通信，但铺设光缆的费用很高，且各个城市之间铺设光缆的费用不同，因此另一个目标是要使铺设光缆的总费用最低. 这就需要找到带权的最小生成树.

本章介绍图的基本概念，利用 MATLAB 找图的最小生成树.

13.1 图的概念

13.1.1 定义

定义 13.1 一个无向图 G 由一个非空点集 $V(G)$ 和其中元素的无序关系集合 $E(G)$ 构成，记为 $G=(V(G),E(G))$，简记为 $G=(V,E)$.

$V=\{v_1,v_2,\cdots,v_n\}$ 称为无向图 G 的顶点集，每一个元素 $v_i(i=1,2,\cdots,n)$ 称为图 G 的一个顶点；$E=\{e_1,e_2,\cdots,e_m\}$ 称为无向图 G 的边集，每一个元素 $e_j(j=1,2,\cdots,m)$ (即 V 中两个元素 v_k，v_l 的无序对)记为 $e_j=(v_k,v_l)=(v_l,v_k)$，称为无向图 G 的一条边.

定义 13.2 给一个图的每一条边(弧)赋予一个数字，则得到一个赋权图. 这些数字可以表示距离、花费、时间等，统称为权重.

定义 13.3 在无向图中，与顶点 v 关联的边数称为 v 的度，记为 $d(v)$.

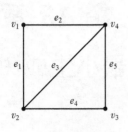

图 13-1 无向图 G

例 13.1 如图 13-1 所示，图 $G = (V, E)$ 是一个无向图，其中 $V(G) = \{v_1, v_2, v_3, v_4\}$，$E = \{e_1, e_2, e_3, e_4, e_5\}$，$d(v_1) = d(v_3) = 2$，$d(v_2) = d(v_4) = 3$.

定义 13.4 在一个无向图 $G = (V, E)$ 中，若从顶点 v_i 到顶点 v_j 有路径相连，则称 v_i，v_j 是连通的. 若图中任意两点都是连通的，则称该图是连通图，否则就称为非连通图.

例如，图 13-1 中 v_1 与 v_3 连通（$v_1 e_1 v_2 e_4 v_3$），v_2 与 v_4 连通（$v_2 e_4 v_3 e_5 v_4$）. 并且任意两个点都连通，所以图 13-1 是连通图.

定义 13.5 连通的无圈图称为树，记为 T. 度为 1 的点称为叶子节点.

定义 13.6 若图 $G = (V, E)$ 及树 T 之间满足 $V(G) = V(T)$，$E(T) \subset E(G)$，则称 T 是 G 的生成树.

一个连通图的生成树个数有很多，图 13-1 的部分生成树如图 13-2 所示. 从图 13-2 可以看出树具有性质：①连通；②点数 = 边数+1；③不存在任何的圈.

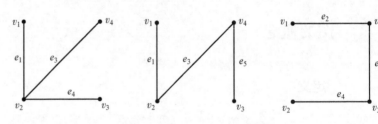

图 13-2 图 13-1 的部分生成树

定义 13.7 在一个赋权图中，所有边的权重之和最小的生成树称为该图的最小生成树. 找出赋权图的最小生成树的问题称为最小生成树问题.

13.1.2 图的邻接矩阵

图的表示方式除了直观的点与边的表示之外，为了借助计算机技术需要采用矩阵形式.

邻接矩阵是图中点与点之间的相邻关系的一种矩阵表示形式. 对于无向图 G，其邻接矩阵为一个方阵 $\boldsymbol{A} = (a_{ij})_n$，$n$ 为图 G 的顶点个数. 其中

$$a_{ij} = \begin{cases} 1, & v_i \text{ 与 } v_j \text{ 有边}, \\ 0, & v_i \text{ 与 } v_j \text{ 无边}. \end{cases}$$

赋权无向图的邻接矩阵也是一个方阵 $A = (a_{ij})_n$，n 为图 G 的顶点个数. 其中

$$a_{ij} = \begin{cases} w_{ij}, & v_i \text{ 与 } v_j \text{ 有边}, \text{且 } w_{ij} \text{为其权}, \\ 0, & i = j, \\ \infty & v_i \text{ 与 } v_j \text{ 无边}. \end{cases}$$

例 13.2　将图 13-3 所示的图用邻接矩阵和赋权邻接矩阵表示.

解　图 13-3 所示的图用邻接矩阵和赋权邻接矩阵分别表示为矩阵 A 和 B，即

$$A = \begin{pmatrix} 0 & 1 & 1 & 1 \\ 1 & 0 & 1 & 1 \\ 1 & 1 & 0 & 1 \\ 1 & 1 & 1 & 0 \end{pmatrix}, \quad B = \begin{pmatrix} 0 & 6 & 7 & 5 \\ 6 & 0 & 8 & 3 \\ 7 & 8 & 0 & 9 \\ 5 & 3 & 9 & 0 \end{pmatrix}.$$

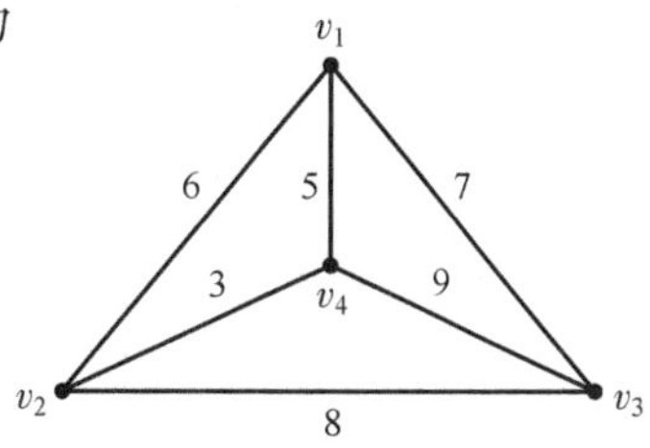

图 13-3　赋权图

由此可见，无向图的邻接矩阵是一个对角线全为 0 的 0—1 对称阵.

13.2　最小生成树的算法

求解最小生成树有 Kruskal 算法和 Prim 算法.

1. Kruskal 算法描述如下：

对于一个连通的赋权图 G，按照如下步骤构造其最小生成树 T：

1）找出 G 所有边中的权重最小的边 e_1 作为 T 的第一条边；

2）选择 $e_2 \in E - \{e_1\}$，使得 e_2 的权重最小；

3）选择 $e_3 \in E - \{e_1, e_2\}$，使得 e_3 的权重最小，且不能和前面所选的边构成圈；

4）重复步骤 3），直到找出 $n-1$ 条边，则得到 G 的最小生成树.

此算法可以称为"加边法"，初始最小生成树边数为 0，每迭代一次就选择一条满足条件的最小代价边，加入到最小生成树的边集合里.

例 13.3　用 Kruskal 算法求图 13-3 所示的最小生成树.

解　（1）边 $v_2 v_4$ 的权重为所有边中最小的，选取 $v_2 v_4 \in E$ 作为第一条边，即 $e_1 = v_2 v_4$；

（2）边 $v_1 v_4$ 的权重为剩下的边中最小的，选取 $v_1 v_4 \in E - \{e_1\}$

作为第二条边，即 $e_2=v_1v_4$；

（3）边 v_1v_2 的权重为剩下的边中最小的，但是加进来后会构成圈，故在 $E-\{e_1,e_2,v_1v_2\}$ 中选取权重最小的边 v_1v_3 作为第三条边，即 $e_3=v_1v_3$；

（4）找到了 3 条边，停止.

利用 Kruskal 算法得到最小生成树如图 13-4 所示，得到的最小生成树的权重是 15.

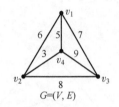 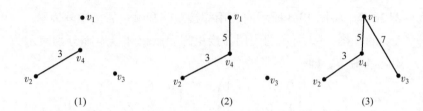

图 13-4　Kruskal 算法得到的最小生成树

2. Prim 算法

对于连通的赋权图 $G=(V,E)$，设置两个集合 P 和 Q，其中 P 用于存放 G 的最小生成树中的顶点，集合 Q 存放 G 的最小生成树的边.

1）初始化顶点集 $P=\{v_1\}$，$v_1\in V$，边集 $Q=\varnothing$；

2）选择 $v_2\in V-P$ 使得边 v_1v_2 的赋权最小，$P=\{v_1,v_2\}$，$Q=\{v_1v_2\}$；

3）重复步骤 2），直到 $P=V$，停止.

此算法可以称为"加点法"，每次迭代选择代价最小的边对应的点，加入到最小生成树中. 算法从某一个顶点 s 开始，逐渐长大覆盖整个连通网的所有顶点.

例 13.4　用 Prim 算法求图 13-3 所示的最小生成树.

解　（1）初始化顶点集 $P=\{v_1\}$，$v_1\in V$，边集 $Q=\varnothing$；

（2）与 v_1 相连的边 v_1v_2，v_1v_3，v_1v_4 中权重最小的是 v_1v_4，故选择 v_4，$P=\{v_1,v_4\}$，$Q=\{v_1v_4\}$；

（3）选择 $v_2\in V-P$，使得在与 P 中点相连的边中 v_2v_4 的权重是最小的，$P=\{v_1,v_4,v_2\}$，$Q=\{v_1v_4,v_2v_4\}$；

（4）选择 $v_3\in V-P$，使得在与 P 中点相连的边中 v_1v_3 的权重是最小的，$P=\{v_1,v_4,v_2,v_3\}$，$Q=\{v_1v_4,v_2v_4,v_1v_3\}$；

（5）$P=V$，停止.

利用 Prim 算法得到最小生成树如图 13-5 所示，得到的最小生成树的权重是 15.

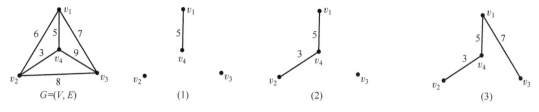

图 13-5　Prim 算法得到的最小生成树

13.3　MATLAB 求解

在 MATLAB 中利用函数 graph 和 minspantree 来求最小生成树, 调用格式如下:

● G＝graph(A)　使用对称邻接方阵 A 创建一个加权图. A 中的每个非零元素的位置指定图的一条边, 边的权重等于该项的值. 例如, 如果 A(2,1)＝10, 则 G 包含节点 2 和节点 1 之间的一条边, 该边的权重为 10.

● T＝minspantree(G)　返回图 G 的最小生成树 T, 默认使用 Prim 算法.

● T＝minspantree(G,Name,Value)　使用一个或多个名称-值对组参数指定的其他选项.

其中 G 是由函数 graph 得到的图, minspantree(G,'Method','sparse')使用 Kruskal 算法来计算最小生成树.

例 13.5　绘制无向图, 并增加边和顶点.

解　>>G=graph([1 1],[2 3]);　　%创建一个具有 3 个
　　　　　　　　　　　　　　　　顶点和 2 条边的图

```
>> e = G.Edges
>> G = addedge(G,2,3)
>> G = addnode(G,4)
>> plot(G)
e =
 2×1 table
  EndNodes
  _____
  1  2
  1  3
G =
 graph -属性:
```

```
    Edges: [3×1 table]
    Nodes: [3×0 table]
  G =
  graph -属性:
    Edges: [3×1 table]
    Nodes: [7×0 table]
```

得到无向图如图 13-6 所示.

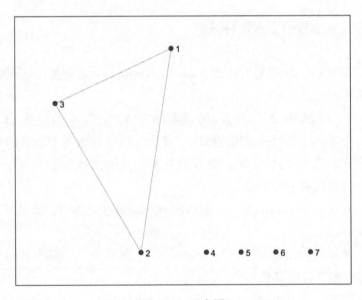

图 13-6 无向图

例 **13.6** 创建一个对称邻接矩阵 A,使用邻接矩阵 A 创建不带权重的图.

解 ```>> A = ones(4) - diag([1 1 1 1])```
```
  A =
    0   1   1   1
    1   0   1   1
    1   1   0   1
    1   1   1   0
  >> G = graph(A~=0)
  G =
  graph -属性:
    Edges: [6×1 table]      %6 条边
    Nodes: [4×0 table]      %4 个节点
  >> G.Edges
  ans =
```

```
6×1 table

    EndNodes
   _____
    1   2
    1   3
    1   4
    2   3
    2   4
    3   4
>>plot(G)
```

得到的无权无向图如图 13-7 所示.

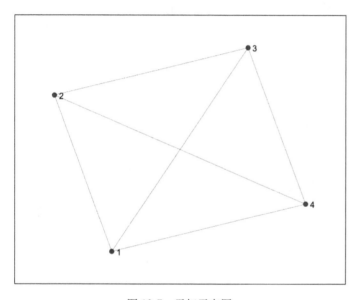

图 13-7　无权无向图

例 13.7　绘制一个赋权无向图.

解　>> A=[0,1,2;1 0 3;2 3 0]　%一个赋权图的邻接矩阵

```
A =
   0   1   2
   1   0   3
   2   3   0
>> G = graph(A)
G =
 graph -属性:
  Edges: [3×2 table]
  Nodes: [3×0 table]
```

```
>> G.Edges          %显示边的信息
ans =
 3×2 table
```

```
EndNodes   Weight    %3 条边及对应的权重
————————  ————————
   1  2       1
   1  3       2
   2  3       3
>>plot(G,'EdgeLabel',G.Edges.Weight)
```

得到的赋权无向图如图 13-8 所示.

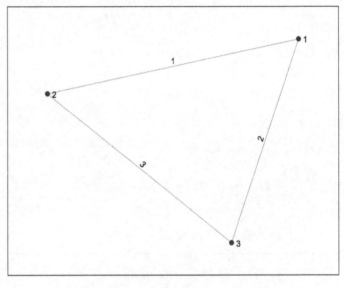

图 13-8　赋权无向图

例 13.8　使用每条边的端节点列表创建并绘制一个立方体图，将节点名称和边权重指定为单独的输入.

解　
```
>> s =[1 1 1 2 2 3 3 3 4 5 5 6 7];
>> t =[2 4 8 3 7 4 6 5 6 8 7 8];
>>weights =[10 10 1 10 1 10 1 1 12 12 12 12];
>> names = {'A''B''C''D''E''F''G''H'};
>> G=graph(s,t,weights,names);
>> plot(G,'EdgeLabel',G.Edges.Weight)
```

得到的图形如图 13-9 所示.

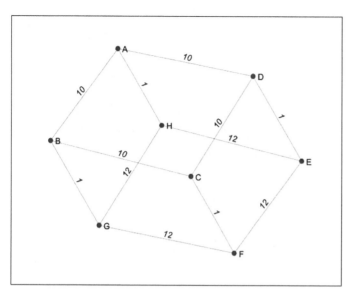

图 13-9　赋权无向图

例 **13.9**　利用 MATLAB 求解图 13-3 的最小生成树.

解　>> A = [0 6 7 5;6 0 8 3;7 8 0 9;5 3 9 0];

　　　　　　　　　　　%图 13-3 的赋权邻接矩阵

　>> G = graph(A)

　　G =

　　　graph -属性:

　　　　Edges: [6×2 table]

　　　　Nodes: [4×0 table]

>>p = plot(G, 'EdgeLabel', G.Edges.Weight);

>> T = minspantree(G)

T =

　graph -属性:

　　Edges: [3×2 table]

　　Nodes: [4×0 table]

>> highlight(p,T)　　　　%粗体显示 G 的最小生成树 T

>> T.Edges　　　　　　%显示 T 的边信息

ans =

　3×2 table

　　EndNodes　Weight

　　————　————

　　1　3　　7

　　1　4　　5

　　2　4　　3

```
>> sum(T.Edges.Weight)        % 对最小生成树的所有
                                 边权重求和
ans =
    15
```

图 13-10 所示是利用函数 graph 绘制的图 13-3 对应的赋权图，图 13-11 中用粗线表示的是图 13-10 的最小生成树，与图 13-5 的一致. 得到最小生成树的权重为 15.

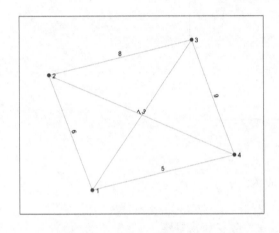

图 13-10   MATLAB 生成的赋权图

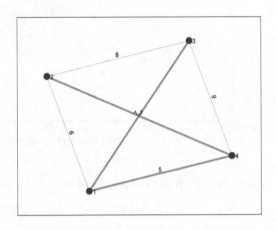

图 13-11   粗线显示图的最小生成树

例 13.10   （天然气管道的铺设）某地区共有 9 个村庄，各村庄之间的距离（单位为 km）如图 13-12 所示，图中每条连线表示有公路相连. 现要沿公路铺设天然气管道，铺设管道的人工和其他动力费用为 2 万元/km，材料费用为 3 万元/km. 如果每个村庄均通天然气，应如何铺设管道，才能使总的铺设费用最少？

解   该问题就是最小生成树问题，首先写出图 13-12 对应的赋权图的邻接矩阵 A，再利用函数 graph 和 minspantree 得到最小生成树.

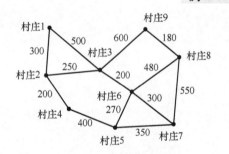

图 13-12   各村庄之间的距离表示

$$
A = \begin{pmatrix}
0 & 300 & 500 & 0 & 0 & 0 & 0 & 0 & 0 \\
300 & 0 & 250 & 200 & 0 & 0 & 0 & 0 & 0 \\
500 & 250 & 0 & 0 & 0 & 200 & 0 & 0 & 600 \\
0 & 200 & 0 & 0 & 400 & 0 & 0 & 0 & 0 \\
0 & 0 & 0 & 400 & 0 & 270 & 350 & 0 & 0 \\
0 & 0 & 200 & 0 & 270 & 0 & 300 & 480 & 0 \\
0 & 0 & 0 & 0 & 350 & 300 & 0 & 550 & 0 \\
0 & 0 & 0 & 0 & 0 & 480 & 550 & 0 & 180 \\
0 & 0 & 600 & 0 & 0 & 0 & 0 & 180 & 0
\end{pmatrix}
$$

MATLAB 程序如下：

```
clear
A(1,2)=300;A(1,3)=500;A(2,3)=250;A(2,4)=200;
A(3,6)=200;A(3,9)=600;A(4,5)=400;A(5,6)=270;
A(5,7)=350;
A(6,7)=300;A(6,8)=480;A(7,8)=550;A(8,9)=180;
A(9,9)=0;
A=A+A';
G = graph(A);         %得到邻接矩阵 A 对应的赋权图 G
p= plot(G,'EdgeLabel',G.Edges.Weight);
T=minspantree(G)   %得到图 G 的最小生成树 T
highlight(p,T);       %用粗线显示最小生成树 T
T.Edges
sum(T.Edges.Weight)
```

得到结果：

```
T =
 graph -属性:
  Edges: [8×2 table]
  Nodes: [9×0 table]
ans =
  8×2 table

  EndNodes   Weight

   _____   _____

    1  2      300
    2  3      250
    2  4      200
    3  6      200
    5  6      270
    6  7      300
    6  8      480
    8  9      180
ans =
   2180
```

可知利用 MATLAB 绘制的最小生成树为

$$\begin{matrix} 1 & 2 & 2 & 3 & 5 & 6 & 6 & 8 \\ 2 & 3 & 4 & 6 & 6 & 7 & 8 & 9 \end{matrix}$$

对应边的权重分别为

$$300 \quad 250 \quad 200 \quad 200 \quad 270 \quad 300 \quad 480 \quad 180$$

如图 13-13 中的粗线所示，最小生成树的权重为 2180. 得到当管道如图 13-14 铺设时，铺设了 2180km，使得总的铺设费用 10900 万元为最少.

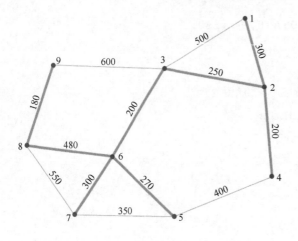

图 13-13　MATLAB 绘制的最小生成树

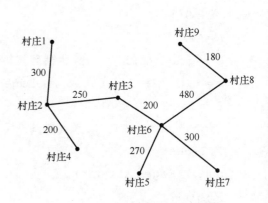

图 13-14　总铺设费用最少的管道铺设方法

习题 13

1. 请用 Kruskal 算法和 Prim 算法构造图 13-15 和图 13-16 的最小生成树.

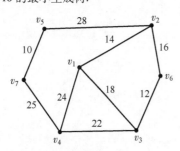

图 13-15　赋权无向图

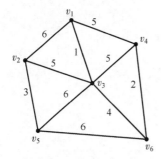

图 13-16　赋权无向图

2. 假设要在某地建造 5 个工厂，拟修筑道路连接这 5 处. 经勘探，其道路可按图 13-17 所示的无向边铺设. 现在每条边的长度已经测出并标记在图的对应边上，如果要求铺设的道路总长度最短，这样既能节省费用，又能缩短工期，如何铺设?

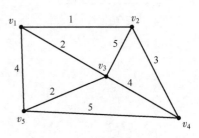

图 13-17　赋权无向图

第 14 章
迭代与分形

在我们所处的世界里，存在着许多极不规则的复杂现象，如：弯弯曲曲的海岸线、变化的云朵、宇宙中星系的分布、金融市场上价格的起伏等，为了获得解释这些极端复杂现象的数学模型，我们需要认识其中蕴涵的特性，构造出相应的数学规则.

曼德尔布罗特（Mandelbrot）在研究英国的海岸线形状等问题时，总结出自然界中很多现象从标度变换角度表现出对称性. 曼德尔布罗特将这类几何形体称为分形（fractal），意思就是不规则的、分数的、支离破碎的，并对它们进行了系统的研究，创立了分形几何这一新的数学分支. 曼德尔布罗特认为海岸、山峦、云彩和其他很多自然现象都具有分形的特性，因此可以说：分形是大自然的几何学.

分形几何体一般来说都具有无限精细的自相似的层次结构，即局部与整体的相似性，图形的每一个局部都可以被看作是整体图形的一个缩小的复本. 早在 19 世纪就已经出现了一些具有自相似特性的分形图形，例如：瑞典数学家科赫（von Koch）设计的类似雪花和岛屿边缘的一类曲线，即科赫曲线（见图 14-1）；英国植物学家布朗通过观察悬浮在水中的花粉的运动轨迹，提出来的布朗运动轨迹（见图 14-2）. 分形几何把自然形态看作是无限嵌套的层次结构，并且在不同尺度下保持某种相似的属性，于是，简单的迭代过程，就是描述复杂的自然形态的有效方法.

本章简单介绍迭代和分形的基础知识，利用 MATLAB 绘制科赫曲线、谢尔宾斯基（Sierpinski）地毯、曼德尔布罗特（Mandelbrot）集和分形树枝，通过观察这些图形来了解数学之美.

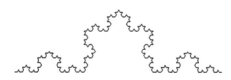

图 14-1　科赫曲线

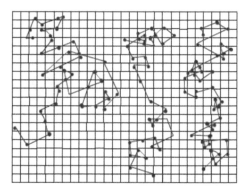

图 14-2　布朗运动轨迹

14.1　迭代

迭代法是常用的一种数学方法，就是将一种规则反复作用在某个对象上，它可以产生非常复杂的行为. 这里介绍图形迭代和函数迭代两种方式.

（1）图形迭代. 给定初始图形 F_0，以及一个替换规则 R，将 R 反复作用在初始图形 F_0 上，产生一个图形序列：

$$R(F_0)=F_1,\ R(F_1)=F_2,\ R(F_2)=F_3,\cdots.$$

科赫曲线是通过图形迭代的方式产生的，其迭代规则是：对一条线段，首先将它分成三等份，然后将中间的一份替换成以此为底边的等边三角形的另外两条边. 无限次迭代下去，最终形成的曲线就是科赫曲线（见图 14-3）.

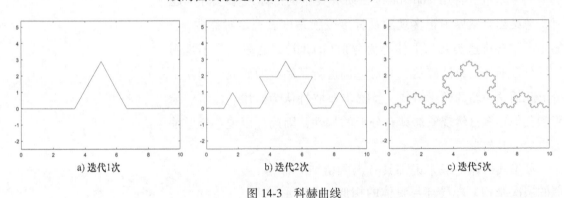

a) 迭代1次　　　　　b) 迭代2次　　　　　c) 迭代5次

图 14-3　科赫曲线

谢尔宾斯基地毯也是通过图形迭代的方式产生的，其迭代规则是：对一个正方形，首先将它分成九个小正方形，然后挖掉中间的一个. 无限次迭代下去，最终形成的图形就是谢尔宾斯基地毯（见图 14-4）.

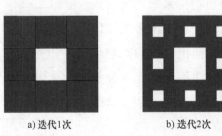

a) 迭代1次　　　　　b) 迭代2次　　　　　c) 迭代4次

图 14-4　谢尔宾斯基地毯

下面计算谢尔宾斯基地毯的面积. 初始面积为 1；迭代一次后减少的面积为 $\dfrac{1}{9}$，剩余 $\dfrac{8}{9}$；以后每次迭代，面积减少 $\dfrac{1}{9}$，剩余面

积是原来的 $\dfrac{8}{9}$；故经过 n 次迭代后，剩余面积为 $\left(\dfrac{8}{9}\right)^n$. 故谢尔宾斯基地毯面积为零.

（2）函数迭代. 给定初始值 x_0，以及一个函数 $f(x)$，将 $f(x)$ 反复作用在初始值 x_0 上，产生一个数列

$$f(x_0) = x_1,\ f(x_1) = x_2,\ f(x_2) = x_3, \cdots,$$

称为迭代序列 $\{x_n\}$.

设迭代关系为 $z_{k+1} = z_k^2 + c$，其中 $z_k(k = 0, 1, 2, \cdots)$、c 为复数. 给定初值 z_0 和 c 可得复数迭代序列 $\{z_k\}(k = 0, 1, 2, \cdots)$. 若固定 c，可得朱利亚(Julia)集；固定 z_0，可得曼德尔布罗特集.

14.2　分形

分形几何的概念是美籍法国数学家曼德尔布罗特于 1975 年首先提出的，但最早的工作可追溯到 1875 年，德国数学家魏尔斯特拉斯(Weierestrass)构造了处处连续但处处不可微的函数，集合论创始人德国数学家康托尔(Cantor)构造了有许多奇异性质的康托尔三分集. 1890 年，意大利数学家皮亚诺(Peano)构造了填充空间的曲线. 1915 年，波兰数学家谢尔宾斯基设计了像地毯和海绵一样的几何图形. 这些都是为解决分析与拓扑学中的问题而提出的反例，但它们正是分形几何思想的源泉.

分形树枝模拟自然界中树木花草的形状，其迭代方式与前面两个问题不同，主要原理是设定基本的绘图规则，然后让计算机根据这些规则进行反复迭代，最终生成分形图. 下面介绍一种迭代规则：对一条线段进行三等分，得到内部两个分点，在这两个分点处(以分点为起点)分别以旋转角 θ 左右生长出新线段(新线段长度可以为等分后线段的长度). 无限次迭代下去，最终形成的图形就像一棵树.

14.3　MATLAB 求解

例 14.1　利用 MATLAB 绘制科赫曲线.

解　以下的代码是绘制迭代 k 次的科赫曲线图形的函数：

```
function plotkoch(k)        %显示迭代 k 次后的科赫曲线图
p=[0 0;10 0];              %存放节点坐标,每行一个点,初
                           始值为两节点的坐标
```

```
n=1;                        %存放线段的数量,初始值为1
A=[cos(pi/3) -sin(pi/3);sin(pi/3) cos(pi/3)];
                            %旋转矩阵,用于计算新的节点
for s=1:k                   %实现迭代过程,计算所有的节
                             点的坐标
    j=0;                    %以下根据线段两个节点的坐
                             标,计算迭代后它们之间增加
                             的三个
                            %节点的坐标,并且将这些点的
                             坐标按次序暂时存放到r中
    for i=1:n               %每条边计算一次
    q1=p(i,:);              %目前线段的起点坐标
    q2=p(i+1,:);            %目前线段的终点坐标
    d=(q2-q1)/3;
    j=j+1;r(j,:)=q1;            %原起点存入r
    j=j+1;r(j,:)=q1+d;         %新1点存入r
    j=j+1;r(j,:)=q1+d+d*A';    %新2点存入r
     j=j+1;r(j,:)=q1+2*d;      %新3点存入r
    end                     %原终点作为下条线段的起点,
                             在迭代下条线段时存入r
    n=4*n;                  %全部线段迭代一次后,线段数
                             量乘4
    clear p                 %清空p,注意:最后一个终点
                             q2不在r中
    p=[r;q2];               %重新装载本次迭代后的全部节点
end
plot(p(:,1);p(:,2))         %显示各节点的连线图
axis equal                  %各坐标轴同比例
```

在命令行窗口调用 plotkoch（1），图像为图 14-3a；调用 plot-
koch（2），图像为图 14-3b；调用 plotkoch（5），图像为图 14-3c.

例 14.2 利用 MATLAB 绘制谢尔宾斯基地毯.

解 以下的代码是绘制迭代 n 次的谢尔宾斯基地毯图形的
函数：

```
function plotSierpinski(x,y,d,n)
```

　　%x 为正方形的顶点的横坐标,可取 0（一个顶点代表一个
小正方形）

```
%y 为正方形的顶点的纵坐标,可取 0
%d 为初始正方形边长,可取 1
%n 为迭代次数,可取 4
for p=1:n;        %实现迭代过程,计算所有的顶点坐标
   a1=[];          %保存迭代后所有顶点的 x 坐标
   b1=[];          %保存迭代后所有顶点的 y 坐标
   %根据小正方形的顶点坐标,
   %计算迭代后形成的 8 个新的小正方形的顶点坐标
   for q=1:length(x);
                    %每个小正方形计算一次
      x1=x(q)+[0,d/3,2*d/3,0,2*d/3,0,d/3,2
          *d/3];    %新的 x 坐标
      y1=y(q)+[0,0,0,d/3,d/3,2*d/3,2*d/3,2
          *d/3];    %新的 y 坐标
      a1=[a1,x1];  %所有顶点 x 坐标存入 a1
      b1=[b1,y1];  %所有顶点 y 坐标存入 b1
   end
   d=d/3;          %迭代一次,边长缩小
   x=a1;           %全部的 x 坐标重新放入 x
   y=b1;           %全部的 y 坐标重新放入 y
end
hold on            %在同一个图形窗口显示
for q=1:length(x);
                    %用蓝色注满多边形区域
  fill(x(q)+[0,d,d,0,0],y(q)+[0,0,d,d,0],'b')
end
hold off
axis off           %不要坐标轴
axis equal         %各坐标轴同比例
%不显示这些正方形的边界
set(findobj(gcf,'type','patch'),'edgecolor','
none')
```

在命令行窗口调用 plotSierpinski(0,0,1,1),图像为图 14-4a；调用 plotSierpinski(0,0,1,2),图像为图 14-4b；调用 plotSierpinski(0,0,1,4),图像为图 14-4c.

例 14.3   绘制分形——曼德尔布罗特集.

解   首先编写函数文件 Mandelbrot.m. MATLAB 命令如下：

```
function Mandelbrot(a,b,M,n,cx,cy,zm)
% b*a 为图像网格,M 为阈值,n 是迭代次数,(cx,cy)是图
像中心,zm 是放缩倍数
delta=2/zm;
xl=cx-delta;
xr=cx+delta;
yd=cy-delta;
yu=cy+delta;
x=linspace(xl,xr,a);
y=linspace(yd,yu,b);
[X,Y]=meshgrid(x,y);
Z=X+Y*i;
P=zeros(b,a);
C=Z;
for k=1:n
    Z=Z.^2+C;
    P(abs(Z)>M)=k;
    Z(abs(Z)>M)=0;
    C(abs(Z)>M)=0;
end
imshow(P,[])
```

图 14-5   曼德尔布罗特集

在命令行窗口调用 Mandelbrot(500,500,4,200,0,0,1)，可得
图形如图 14-5 所示.

例 14.4   利用 MATLAB 绘制分形树枝.

解   首先编写函数文件 plottree.m. MATLAB 代码如下：

```
function plottree(p,theta,n)
m=2;
plot(p(:,1),p(:,2),'k')
hold on
A=[cos(theta) sin(theta);-sin(theta) cos(the-
ta)];      %变换矩阵
for k=1:n
    i=1;
```

```
  for j=1:2:m
   p1=p(j,:);
   p2=p(j+1,:);
   d=(p2-p1)/3;
   w(i,:)=p1;
   i=i+1;q1=p1+d;w(i,:)=q1;
   i=i+1;w(i,:)=q1;
   i=i+1;q2=q1+d*A;w(i,:)=q2;
   i=i+1;w(i,:)=q1;
   i=i+1;q3=p1+2*d;w(i,:)=q3;
   i=i+1;w(i,:)=q3;
   i=i+1;q4=q3+d*A';w(i,:)=q4;
   i=i+1;w(i,:)=q3;
   i=i+1;w(i,:)=p2;i=i+1;
   point=[q1;q2];
   plot(point(:,1),point(:,2),'k');
   point=[q3;q4];
   plot(point(:,1),point(:,2),'k');
  end
  p=w;
  m=5*m;
end
axis off
```

在命令行窗口运行：

```
p=[0,0;10,10];
subplot(1,3,1)
plottree(p,pi/6,1)
subplot(1,3,2)
plottree(p,pi/6,2)
subplot(1,3,3)
plottree(p,pi/6,3)
```

图 14-6 分形树枝

得到的图形如图 14-6 所示.

　　分形几何的应用领域十分广阔，如：数学中的动力系统、物理学中的布朗运动、流体力学中的湍流、化学中酶的构造、生物学中细胞的生长、地质学中的地质构造等.

习题 14

1. 对一个等边三角形，每条边按照科赫曲线的方式进行迭代，产生的分形图称为科赫雪花.

2. 取 $a=b=500$，$M=4$，$n=200$，$c_x=-1.479$，$c_y=0$，$z_m=320$，运行例 14.3 中函数文件 Mandelbrot（a，b,M,n,cx,cy,zm），观察曼德尔布罗特集.

3. 对一条竖向线段，在三分之一点处，向左上方向画一条线段，在其三分之二点处，向右上方向再画一条线段，线段长度都是原来的三分之一，夹角都是 30°.

4. 自己构造生成元，按照图片迭代的方式产生分形图，用计算机编制程序绘制出图形.

附录A　数学建模初步

数学建模是架于数学理论和实际问题之间的桥梁. 熟悉并运用数学建模, 有利于培养分析和解决实际问题的能力, 有利于提高综合运用各种专业知识的技巧, 更有利于锻炼创造性思维.

1. 什么是数学建模

通俗地讲, 数学建模就是先把实际问题归结为数学问题, 再用数学方法进行求解. 把实际问题归结为数学问题, 叫作建立数学模型. 但是数学建模不仅仅是建立数学模型, 还包括求解模型, 并对结果进行检验、分析与改进. 我们应该把数学建模理解为利用数学模型解决实际问题的全过程. 通过数学建模来解决实际问题, 往往可以起到事半功倍的效果, 有时甚至是解决问题的唯一办法.

所谓数学模型, 是指针对某一系统的特征或数量依存关系, 采用数学语言, 概括地或近似地表述出的一种数学结构, 以便于人们更深刻地认识所研究的对象.

具体来说, 数学模型就是用字母、数字和其他数学符号构筑起来的用以描述客观事物特征及相互关系的等式或不等式以及图像、图表、框图、程序等.

每一个数学模型都适用于一个或一类特定的问题, 但是, 反过来就不那么简单了. 一个实际问题, 用什么样的数学模型去表述呢? 现实问题千差万别, 对应的数学模型也千姿百态, 甚至同一个问题可用多个数学模型加以描述. 如何建立数学模型没有固定的程式, 虽然有许多现成的模型可供参考, 但事先没有人告诉你该选用何种模型. 由此可见, 建立数学模型既享受灵活性, 又面临挑战性, 需要我们有强烈的创新意识和迎接困难的思想准备.

例   哥尼斯堡七桥问题

在东普鲁士的城市哥尼斯堡有七座桥连接河中两个小岛(记为A、B)及布鲁格尔河两岸(记为C、D),小岛之间及小岛与河岸共有 7 座桥连接,如图 A-1 所示.那里的居民在星期日有散步的习惯,有的人就想:能不能找到一条路,使得它经过每一座桥一次且仅一次呢?这就是著名的"哥尼斯堡七桥问题".这些人百思不得其解,便去请教当时的大数学家欧拉.

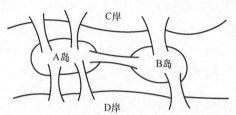

图 A-1   哥尼斯堡七桥

解   欧拉认为:布鲁格尔河把城市分成四大部分,但人们的兴趣在于过桥,故应把这四个部分予以缩小,缩成四个节点,用七条连线来表示桥,如图 A-2 所示.于是将七桥问题转化为"如何从该图中任何一点出发一笔画出这个图,最后回到起始点"的问题.即能否用"一笔"画出图 A-2 来?

欧拉指出:在作一笔画时,每经过一次节点,必然一进一出画两条线,所以除了起点与终点外,节点都应该是"偶点"——与其相连的线为偶数条.欧拉断言:图 A-2 的节点全是"奇点",因而一次无重复地通过七座桥是不可能的.

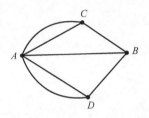

图 A-2   哥尼斯堡七桥网络图

欧拉建立了一个前所未有的数学模型——网络图,从此诞生了新兴的数学分支——图论.网络图与通常的几何图形不同,它不计较节点的位置与坐标,不讲究线条的长短与形状,只表明一种逻辑的关系.这里我们能领略到数学大师精湛的创造性思维.

2. 数学建模的基本方法与步骤

建立数学模型、解决实际问题的过程因为题目不同、要求不同有较大区别,没有统一的模式.一般地,数学建模步骤的大致描述如图 A-3 所示.

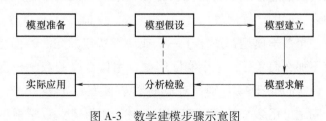

图 A-3   数学建模步骤示意图

(1)模型准备

对面临的实际问题做全面了解,明确研究的对象和目的,搞清问题所依据的事实,掌握各种背景资料.

（2）模型假设

只有深入分析，才能抓住主要矛盾，提出合理假设．假设要明确，要有利于构造模型，包括简化性假设和理想性假设，甚至可以有退步性假设．

（3）模型建立

紧扣变量、函数、方程等数学要素，利用数学的理论以及其他相关知识，建立起适合于实际问题的数学模型．

（4）模型求解

对于复杂的问题，应该逐步深入，层层推进．求解模型包括理论推导和数值计算，也包括画图、制表及软件制作等．

（5）分析检验

对求解结果的评价可以是理论分析，也可以是实际检测，还可以作计算机模拟运行，发现问题要及时修正．

（6）实际应用

充分发挥数学模型在实际问题中的特殊作用，同时通过应用性实践并根据实际情况不断改进、优化．

3. 数学建模的实例

（1）初等数学模型

问题描述：甲、乙两地路程为 72km，两地间的道路上下坡交替出现（见图 A-4）．某人骑自行车从甲地到乙地需 220min，而从乙地到甲地可少用 20min，已知下坡比上坡平均每小时多行 6km，求上坡和下坡的速度．

图 A-4　甲、乙两地道路示意图

模型假设：

假设上坡和下坡的速度是匀速的；

假设上坡路和下坡路都是直的，且把上坡路和下坡路拼接在一起，如图 A-5 所示．

图 A-5　图 A-4 的简化图

模型建立：

设上坡速度为 $x$km/h，则下坡速度为 $x+6$km/h，考虑到从甲地到乙地，再从乙地到甲地时，上、下坡路的总和都是 72km，来回所用的时间是 7h．利用"路程＝速度×时间"建立模型，得

$$\frac{72}{x}+\frac{72}{x+6}=7.$$

模型求解：

两边同时乘以 $x(x+6)$，得

$$72(x+6)+72x=7x(x+6),$$

化简，得

$$7x^2 - 102x - 432 = 0,$$

分解因式，得

$$(7x + 24)(x - 18) = 0,$$

求得 $x_1 = -\dfrac{24}{7}$（舍去），$x_2 = 18.$

故可知上坡速度为 18km/h，下坡速度为 24km/h.

（2）线性代数模型

问题描述：小行星轨道确定问题

科学家要确定一颗小行星绕太阳运行的轨道，它在轨道平面内建立以太阳为原点的直角坐标系，在两坐标轴上取天文测量单位(天文单位为地球到太阳的平均距离：9300 万英里(1 英里 = 1.609344 千米))。在 5 个不同的时间对小行星做了 5 次观察，测得轨道上 5 个点的坐标数据，如表 A-1 所示. 试确定小行星的轨道方程，并画出小行星的运动轨线图形.

表 A-1   轨道上 5 个点的坐标数据

	1	2	3	4	5
x	3.864	6.286	6.759	7.168	7.408
y	0.219	1.202	1.823	2.526	3.360

模型假设：

假设小行星轨道方程满足开普勒第一定律；

假设表 A-1 所测数据真实有效.

模型建立：

由开普勒第一定律知，小行星轨道为一椭圆，而椭圆属于二次曲线，它的一般形式为

$$a_1 x^2 + 2a_2 xy + a_3 y^2 + 2a_4 x + 2a_5 y + 1 = 0.$$

利用表 A-1 中数据确定 $a_i, i = 1,2,3,4,5$，得到一个线性方程组

$$\begin{cases} a_1 x_1^2 + 2a_2 x_1 y_1 + a_3 y_1^2 + 2a_4 x_1 + 2a_5 y_1 + 1 = 0, \\ a_1 x_2^2 + 2a_2 x_2 y_2 + a_3 y_2^2 + 2a_4 x_2 + 2a_5 y_2 + 1 = 0, \\ a_1 x_3^2 + 2a_2 x_3 y_3 + a_3 y_3^2 + 2a_4 x_3 + 2a_5 y_3 + 1 = 0, \\ a_1 x_4^2 + 2a_2 x_4 y_4 + a_3 y_4^2 + 2a_4 x_4 + 2a_5 y_4 + 1 = 0, \\ a_1 x_5^2 + 2a_2 x_5 y_5 + a_3 y_5^2 + 2a_4 x_5 + 2a_5 y_5 + 1 = 0, \end{cases}$$

写成矩阵形式

$$Ax = b,$$

其中 $A = \begin{pmatrix} x_1^2 & 2x_1y_1 & y_1^2 & 2x_1 & 2y_1 \\ x_2^2 & 2x_2y_2 & y_2^2 & 2x_2 & 2y_2 \\ x_3^2 & 2x_3y_3 & y_3^2 & 2x_3 & 2y_3 \\ x_4^2 & 2x_4y_4 & y_4^2 & 2x_4 & 2y_4 \\ x_5^2 & 2x_5y_5 & y_5^2 & 2x_5 & 2y_5 \end{pmatrix}$

$$= \begin{pmatrix} 14.9305 & 1.6924 & 0.0480 & 7.7280 & 0.4380 \\ 39.5138 & 15.1115 & 1.4448 & 12.5720 & 2.4040 \\ 45.6841 & 24.6433 & 3.3233 & 13.5180 & 3.6460 \\ 51.3802 & 36.2127 & 6.3807 & 14.3360 & 5.0520 \\ 54.8785 & 49.7818 & 11.2896 & 14.8160 & 6.7200 \end{pmatrix},$$

$$x = \begin{pmatrix} a_1 \\ a_2 \\ a_3 \\ a_4 \\ a_5 \end{pmatrix}, \quad b = \begin{pmatrix} -1 \\ -1 \\ -1 \\ -1 \\ -1 \end{pmatrix},$$

模型求解：

上述问题就是线性方程组求解问题，利用 MATLAB 命令编程求解：

```
clear
x=[3.864  6.286  6.759  7.168  7.408]';
y=[0.219  1.202  1.823  2.526  3.360]';
plot(x,y,'r*')
A=[x.^2 2*x.*y y.^2 2*x 2*y];b=-1*ones(5,1);
a=A\b
hold on
syms s t
eq=a(1)*s^2+2*a(2)*s*t+a(3)*t^2+2*a(4)*
s+2*a(5)*t+1;
ezplot(eq,[3,8],[-2,5])
title('小行星轨迹')
```

运行后得到 $(a_1,a_2,a_3,a_4,a_5)=(\ 0.0521,-0.0364,0.0401,$ $-0.2300,0.1346)$ 和小行星轨迹图（见图 A-6）.

（3）微分方程模型

问题描述：人口增长模型

[**马尔萨斯（Malthus）模型**]　18 世纪末，英国的牧师马尔萨

斯在查阅当地一百多年的人口出生和死亡记录的过程中，注意到该地区人口的数量与人口的出生率和死亡率是有一定的规律性的，据此，他对这个问题进行了研究，并且在他于 1798 年出版的《人口原理》一书中，提出了人口按照指数增长的模型，后人称之为马尔萨斯模型.

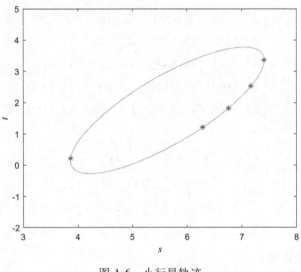

图 A-6 小行星轨迹

模型假设：

用 $N(t)$ 表示 t 时刻某个地区的人口数量，

假设已知 t_0 时刻的人口数量 $N(t_0)$；

假设在一个单位时间段内，新出生的人口百分率为 a，死亡的人口百分率为 b.

模型建立和求解：

那么，经过了 Δt 时间后，该地区的人口数量 $N(t+\Delta t)$ 就是原有的人口数量加上 Δt 时间内新生的人口数量减去死亡的数量，即

$$N(t+\Delta t)-N(t)=aN(t)\Delta t-bN(t)\Delta t,$$

上式变形为

$$\frac{\Delta N}{\Delta t}=aN(t)-bN(t)=kN(t),$$

其中 $\Delta N=N(t+\Delta t)-N(t)$，$k=a-b$ 为常数. 上式表明，在一个时间段内，人口的平均变化率 $\Delta N/\Delta t$ 和人口的数量 $N(t)$ 成正比. 用瞬时变化率来逼近平均变化率，得到如下微分方程

$$\begin{cases} \dfrac{\mathrm{d}N}{\mathrm{d}t}=kN, \\ N(t_0)=N_0, \end{cases} \quad t_0 \leqslant t \leqslant t_1,$$

上述方程的解为 $N=N_0 \mathrm{e}^{k(t-t_0)}$.

这就是马尔萨斯人口增长模型，它预测该地区的人口随时间按照指数增长. 一般来说，人口增长率是不断变化的，当人口较少时，增长较快，增长率较大；当增长到一定数量时，增长速度就会减缓，增长率开始减小. 因此，需要将 k 看作人口数量的函数，改进马尔萨斯模型.

模型的改进：逻辑斯蒂（Logistic）模型

在马尔萨斯模型中，只考虑了出生率和死亡率对人口的影响，而忽略了其他因素如自然资源、生存环境等. 这些因素对人口的增长起着阻滞作用，并且随着人口数量的增加，阻滞作用也会增大. 这种阻滞作用体现在对增长率 k 的影响上. 因此，k 应当是关于人口数量的减函数.

设 $k = k(N)$，则方程改写为

$$\begin{cases} \dfrac{\mathrm{d}N}{\mathrm{d}t} = k(N)N, \\ N(t_0) = N_0, \end{cases} \quad t_0 \leqslant t \leqslant t_1, \quad (\text{A-1})$$

对 $k(N)$ 的一个最简单的假定是设 $k = k(N)$ 为线性函数，即

$$k(N) = r - sN \quad (r > 0, s > 0), \quad (\text{A-2})$$

其中 r 称为固有增长率，表示人口很少时的增长率. 自然资源和生存环境所能容纳的人口数量的最大值称为人口容量，记为 N_{m}. 当 $N = N_{\mathrm{m}}$ 时人口不再增长，即增长率 $k(N_{\mathrm{m}}) = 0$，代入式（A-2）得 $s = \dfrac{r}{N_{\mathrm{m}}}$，于是式（A-2）为

$$k(N) = r\left(1 - \frac{N}{N_{\mathrm{m}}}\right). \quad (\text{A-3})$$

将式（A-3）代入方程（A-1）得

$$\begin{cases} \dfrac{\mathrm{d}N}{\mathrm{d}t} = rN\left(1 - \dfrac{N}{N_{\mathrm{m}}}\right), \\ N(t_0) = N_0, \end{cases} \quad t_0 \leqslant t \leqslant t_1. \quad (\text{A-4})$$

方程右端的因子 rN 体现了人口自身的增长趋势，因子 $1 - \dfrac{N}{N_{\mathrm{m}}}$ 体现了资源和环境对人口增长的阻滞作用. 显然，当 N 增大时，rN 增大，而 $1 - \dfrac{N}{N_{\mathrm{m}}}$ 减小，即人口的增长是这两个因子共同作用的结果.

这个模型最早是由数学家 Pierre Francois Verhulst 提出的，称为逻辑斯蒂模型，也称为阻滞增长模型.

方程（A-4）的解为

$$N = \frac{N_{\mathrm{m}}}{1 + \left(\dfrac{N_{\mathrm{m}}}{N_0} - 1\right) \mathrm{e}^{-r(t-t_0)}}. \qquad (A\text{-}5)$$

由式（A-5）可知，当 $t \to +\infty$ 时，$N \to N_{\mathrm{m}}$. 这表明随着时间的推移，人口数 N 将无限趋于最大值 N_{m}.

附录 B Octave 入门

1. Octave 简介

常见的数学和数值计算软件除 MATLAB 外，一般来说主要有 Octave，SciLab，Python，R 等，其中 Octave 在语法上与 MATLAB 最为接近. Octave(八度)是一款用于数值计算的开源软件，它是一个高级语言，主要用于数值计算. 它提供了一个方便的命令行界面，用于求解线性和非线性数学问题，并使用最接近 MATLAB 语言的语法进行数值计算实验. 它也可以作为面向批处理的语言去使用. Octave 具有数量众多的工具，用于解决常见的线性代数问题，找寻非线性方程的解，处理多项式以及普通微分方程和微分代数方程. 通过使用 Octave 的语法编写的用户定义函数，或使用以 C++，C，Fortran 或其他语言编写的动态加载模块，轻松地进行扩展和自定义.

GNU Octave 也是可免费发行的软件. 你可以根据自由软件基金会发布的 GNU 通用公共许可(GPL)的条款重新分发或修改它. Octave 环境的行为就像一个超级复杂的计算器，可以在命令提示符下输入命令. Octave 是一个解释性的环境，即只要给出一个命令，马上就能执行它.

Octave 由 John W. Eaton 和其他贡献者撰写. Octave 有很多命令，这些命令在刚开始学习时可能会忘记其具体使用方法，可以直接在 Octave 中查询，使用 help 命令，比如查询输出命令：help disp.

（1）安装

目前在 GNU Octave 网站 (http://www.octave.org) 可下载 Octave-6.1.0 版本，使用默认选项安装. 安装好后会在桌面上出现两个快捷方式，其中一个是可视化界面 Octave(GUI)，界面包含文件浏览器、工作空间、命令历史和命令窗口(见图 B-1)，在命令窗口输入命令，命令提示符是"≫"；在"编辑"|"首选项"里有所有的软件设置，包括语言、字体及大小、颜色、Tab 键等.

另一个是命令行操作界面 Octave(GLI)，命令提示符是"octave:1>"(见图 B-2).

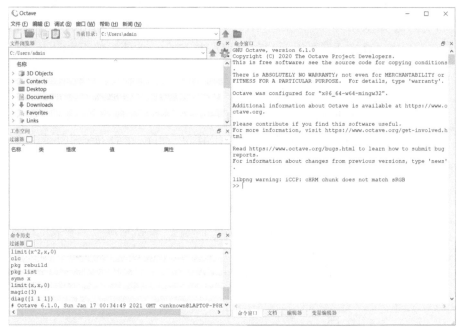

图 B-1　Octave(GUI)

图 B-2　Octave(GLI)

（2）MATLAB 兼容性

Octave 与 MATLAB 兼容，甚至更为宽松，相较于 MATLAB 有开源免费的优势.

MATLAB 用 x^2，Octave 用 x^2 或者 x $*$ $*$ 2 表示"x 的平方". Octave 用 x $*$ $*$ 2 是为了照顾 GnuPlot 的用户. 总而言之，Octave 在运算符方面彻底兼容 MATLAB，MATLAB 用户可以放心大胆地用 Octave.

Octave 最初便是模仿 MATLAB 而设计，自然与 MATLAB 有许多相同的功能. 这也使得一部分 MATLAB 程序可以直接或经过少量修改在 Octave 上运行，一些软件开发小组也使用两者兼容的语法，直接开发可以同时在 MATLAB 和 Octave 使用的程序.

（3）工具包

由于 Octave 是自由软件，因此鼓励用户与他人分享他们的程序，为了帮助这种共享，Octave 支持安装额外的包. "Octave Forge"项目是一组社区维护的工具包，可以在 Octave 中下载和安装，可以在 http://octave.sourceforge.io 在线找到"Octave Forge"项目.

在命令窗口输入"pkg list"查看本地安装的工具包列表，利用"pkg install-forge pkg name"安装工具包. 默认情况下，安装的软件包在 Octave 提示符下不可用，但使用"pkg load pkg name"导入即可，其中"pkg name"为工具包名称.

（4）基本操作

1）变量

在 Octave 中，每个变量都是数组或矩阵. 在使用变量时，需要注意以下事项：

- 变量在使用前需要先赋值；
- 当变量输入到系统后，可以在后面的代码中引用它；
- 当表达式返回未分配给任何变量的结果时，系统将其分配给名为 ans 的变量，后面可以使用它.

① 变量命名. 变量名称是由任意数量的字母、数字或下划线组成的. Octave 区分大小写. 变量名可以是任意长度，但是 Octave 只使用前 N 个字符，其中 N 是由函数 namelengthmax 确定的.

② 变量输入. 变量的输入方法如表 B-1 所示.

表 B-1　变量的输入方法

变量输入方法	说　明	变量输入方法	说　明
变量名＝数值	变量为数字	变量名＝(bool 表达式)	变量为逻辑值
变量名＝'字符串内容'	变量为字符串	变量名＝矩阵	变量为矩阵

例 B.1　变量的输入方法举例.

```
>> a = 1
a = 1
>> b = 'Hello'
b = Hello
>> c = (3 ~= 1)
```

```
c = 1
>> d=5
d = 5
>> d=5;
```

③ 查看和删除变量，如表 B-2 所示.

表 B-2　查看和删除变量

命　　令	描　　述
who	显示出当前 Octave 中的所有变量，即当前 Octave 在内存中储存的所有变量
whos	显示出当前 Octave 中的所有变量，相比 who 会显示出更详细的信息
clear 变量名	删除该变量，如果 clear 后面不添加变量名参数，将删除当前 Octave 中所有变量

例 B.2　查看和删除变量.

```
>> a=1;
>> b='Hello';
>> c=[1,2,3,4];
>> who
Variables visible from the current scope:
a  b  c
>>whos
Variables visible from the current scope:
variables in scope: top scope
Attr Name     Size          Bytes Class
==== ====     ====          ===== =====
  a     1x1            8  double
  b     1x5            5  char
  c     1x4           32  double
Total is 10 elements using 45 bytes
>> clear b
>> who
Variables visible from the current scope:
a c
```

④ 特殊变量和常量，如表 B-3 所示.

表 B-3　特殊变量和常量

名　称	描　述
ans	默认的变量名，以应答最近一次操作运算结果
eps	浮点数的精度
i,j	虚数单位，定义为 $i^2 = j^2 = -1$
Inf	代表无穷大
NaN	代表不定值(不是数字)
pi	圆周率

2）输入和输出

① 输入和输出方法. 在 Octave 中的输入和输出方法如表 B-4 所示.

表 B-4　输入和输出方法

命　令	描　述
var_name	直接输入变量名，就会显示该变量
disp(var_name)	显示一个变量的内容
fprintf	执行格式化写入到屏幕或文件
fscanf	从文件读取数据
input	显示提示并等待输入
format	控制屏幕显示的格式
;	不显示结果

② fscanf 和 fprintf 命令格式. fscanf 和 fprintf 命令的行为类似 C 语言的 scanf 和 printf 函数. 支持的格式如表 B-5 所示.

表 B-5　fscanf 和 fprintf 命令的格式

格　式	描　述
%s	输出字符串
%d	输出整数
%f	输出浮点数
%e	显示科学计数法形式
%g	%f 和 %e 的结合，根据数据选择适当的显示方式
\n	在输出字符串中插入一个换行
\t	在输出字符串中插入制表符

③ format 格式. Octave 显示数字时, 支持多种格式, 默认情况下为 format short 格式. 支持的数字显示格式如表 B-6 所示.

表 B-6　format 格式

格　式	说　明
format short	显示小数点后 4 位，默认的显示格式
format long	（最多）显示小数点后 16 位
format bank	显示小数点后 2 位
format short e	使用指数表示法，显示小数点后 4 位
format long e	使用指数表示法，显示小数点后 16 位
formatrat	给出最接近的有理表达式
format +	正、负或零

例 B.3　format 格式举例

```
>> a=pi
a = 3.1416
>> format long
>> a
a = 3.141592653589793
>> format bank
>> a
a = 3.14
>> format short e
>> a
a = 3.1416e+00
>> format long e
>> a
a = 3.141592653589793e+00
>> format rat
>> a
a = 355/113
>> format +
>> a
a = +
```

3）其他操作命令

其他操作命令如表 B-7 所示.

表 B-7　操作命令

命　令	说　明
%	注释符号

（续）

命　令	说　明
clc	清空命令窗口
exist	检查存在的文件或变量
global	声明变量为全局
helpfunc_name	显示函数的帮助手册，并且可以 help help
lookfor	搜索帮助关键字条目
type	显示一个文件的内容
path	显示搜索路径
quit	停止 Octave

2. Octave 数值计算

（1）加、减、乘、除运算

```
>> 2 + 2
ans = 4
>> 3 - 2
ans = 1
>> 5 * 8
ans = 40
>> 1 / 2
ans = 0.50000
```

同时也可以进行平方、立方等指数运算：

```
>> 2^2
ans = 4
>> 2^3
ans = 8
```

在 Octave 中，我们可以使用符号 % 来进行注解，其后面的同行语句都将不会得到执行. 例如：2+3%+5 输出的结果为 5.

（2）逻辑运算

常用的逻辑运算包括：等于（ == ）、不等于（ ~ = ）、并（ && ）、或（ ‖ ）四种，分别用不同的符号表示.

运算的结果用 0、1 表示，1 表示成立，0 表示不成立.

```
>> 1 == 2
ans = 0
>> 1 == 1
ans = 1
```

```
>> 1 ~ = 2
ans = 1
>> 1 && 0
ans = 0
>> 1 || 0
ans = 1
```

在 Octave 中，同时还内置了一些函数来进行逻辑运算，例如异或运算就可以用 xor 这个函数来代替：

```
>>xor(3, 1)
ans = 0
>>xor(3, 3)
ans = 0
>>xor(1, 0)
ans = 1
```

在 Octave 中内置了很多函数，有时，我们可能记不太清楚某个函数的具体用法，这个时候，Octave 给我们提供了 help 命令，通过这个命令可以查看函数的定义以及示例. 例如，我们想看下 xor 这个函数怎么用，可以输入：help xor.

（3）向量和矩阵

1）向量/矩阵的生成

和 MATLAB 一样，Octave 尤其精于矩阵运算. 在 Octave 中可以这样定义矩阵：将矩阵的元素按行依次排列，并用"[ ]"包裹，矩阵的每一行用";"号分割.

例 B. 4　定义一个 3×2 的矩阵 A.

```
>> A =[1 2; 3 4; 5 6]
A =
  1  2
  3  4
  5  6
```

说明："；"号在这里的作用可以看作是换行符，也就是生成矩阵的下一行.

在命令行下，也可以将矩阵的每一行分开来写：

```
>> A =[1 2;
3 4;
5 6]
```

```
A =
  1  2
  3  4
  5  6
```

向量的创建与矩阵类似:

```
>> V1 =[1 2 3]
V1 =
  1  2  3
>> V2 =[1; 2; 3]
V2 =
  1
  2
  3
```

在上面的例子中, V1 是一个行向量, V2 是一个列向量.

其他一些写法:

```
>> V =1: 0. 2: 2
V =
  1.0000  1.2000  1.4000  1.6000  1.8000  2.0000
```

上面的写法可以快速生成行向量, 1 为起始值, 0.2 为每次递增值, 2 为结束值, 我们也可以省略 0.2, 那么就会生成递增为 1 的行向量:

```
>> v = 1:5
v =
  1  2  3  4  5
```

Octave 提供内置函数创建矩阵和向量(见表 B-8).

表 B-8　常用内置函数

函　数	说　明
ones(m, n)	生成一个 m 行 n 列的矩阵, 矩阵中每个元素的值为 1
zeros(m, n)	生成一个 m 行 n 列的矩阵, 矩阵中每个元素的值为 0
rand(m, n)	生成一个 m 行 n 列的矩阵, 矩阵的每个元素是 0 到 1 之间的一个随机数
eye(m)	生成一个大小为 m 的单位矩阵
linspace(x1,x2,N)	生成一个 N 个元素的向量, 均匀分布于 x1 和 x2
logspace(x1,x2,N)	生成一个 N 个元素的向量, 指数分布于 10^{x1} 和 10^{x2}

（续）

函　　数	说　　明
size(A,1)	得到矩阵 A 的行数
size(A,2)	得到矩阵 A 的列数
length(A)	相当于 max(size(A))

例 B.5 生成矩阵.

```
>> ones(2, 3)
ans =
  1  1  1
  1  1  1
>> w = zeros(1, 3)
w =
  0  0  0
>> w = rand(1, 3)
w =
  0.19402  0.23458  0.49843
>> eye(4)
ans =
Diagonal Matrix
  1  0  0  0
  0  1  0  0
  0  0  1  0
  0  0  0  1
```

例 B.6 得到矩阵的行数和列数.

```
>> A=[1 2;3 4;5 6]
A =
  1  2
  3  4
  5  6
>> size(A, 1)     %得到矩阵 A 的行数
ans = 3
>> size(A, 2)     %得到矩阵 A 的列数
ans = 2
>> V =[1 2 3 4]
V =
```

```
  1  2  3  4
>> length(V)        %得到向量的长度
ans = 4
```

2) 向量/矩阵的运算

获取矩阵指定行指定列的元素，注意这里的行、列都是从 1 开始的，例如获取例 B.6 中矩阵 A 的第 3 行第 2 列元素：

```
>> A(3, 2)
ans = 6
```

也可以获取矩阵整行或整列的元素，某行或某列的全部元素可以用":"号代替，返回的结果就是一个行向量或一个列向量：

```
>> A(3, :)
ans =
  5  6
>> A(:, 2)
ans =
  2
  4
  6
```

更一般情况，我们也可以指定要获取的某几行或某几列的元素：

```
>> A([1, 3],:)
ans =
  1  2
  5  6
>> A(:,[2])
ans =
  2
  4
  6
```

除了获取矩阵元素，我们也可以给矩阵的元素重新赋值. 可以给指定行指定列的某一个元素赋值，也可以同时给某行或某列的全部元素一次性赋值：

```
>> A(:,2) =[10, 11, 12]
A =
```

```
   1   10
   3   11
   5   12
>> A(1,:) =[11 22]
A =
   11  22
    3   4
    5   6
```

有的时候，我们还需要对矩阵进行扩展，如增广矩阵，要在矩阵的右侧附上一个列向量：

```
>> A =[A, [100; 101; 102]]
A =
   1  2  100
   3  4  101
   5  6  102
```

上面第一句中"，"号也可以省略，只使用空格也可以，该行赋值语句就变成

```
A =[A [100; 101; 102]]
```

两个矩阵也可以进行组合：

```
>> A =[1 2; 3 4; 5 6]
A =
   1  2
   3  4
   5  6
>> B =[11 12; 13 14; 15 16]
B =
   11  12
   13  14
   15  16
>> [A B]
ans =
   1  2  11  12
   3  4  13  14
   5  6  15  16
>> [A; B]
```

```
ans =
    1    2
    3    4
    5    6
   11   12
   13   14
   15   16
```

我们也可以将矩阵的每一列组合在一起，转为一个更大的列向量：

```
>> A(:)
ans =
    1
    3
    5
    2
    4
    6
```

接下来，为了说明矩阵与矩阵的运算，我们先来定义三个矩阵：

```
>> A
A =
    1    2
    3    4
    5    6
>> B
B =
   11   12
   13   14
   15   16
>> C
C =
    1    1
    2    2
```

矩阵的相乘：

```
>> A * C
```

```
ans =
   5    5
  11   11
  17   17
```

矩阵 A 的各个元素分别乘以矩阵 B 的对应元素：

```
>> A .* B
ans =
  11   24
  39   56
  75   96
```

点运算在这里可以理解为是对矩阵中每个元素做运算. 例如，下面的例子就是对 A 中每个元素做平方，用 1 分别除以矩阵中的每个元素：

```
>> A .^ 2
ans =
   1    4
   9   16
  25   36
>> 1 ./ [1; 2; 3]
ans =
  1.00000
  0.50000
  0.33333
```

有一种特殊情况是，当一个实数与矩阵做乘法运算时，我们可以省略. 直接使用 * 即可：

```
>> -1 * [1; -2; 3]    %也可以简写为-1[1; -2; 3]
ans =
  -1
   2
  -3
```

除此以外，Octave 中内置的一些函数也是针对每个元素做运算的，如对数运算、指数运算和绝对值运算等(见表 B-9).

矩阵的加法、转置和逆：

```
>>V =[1; 2; 3];
```

```
>> V + ones(length(V), 1)
ans =
   2
   3
   4
>> A'    %矩阵的转置
ans =
   1  3  5
   2  4  6
```

表 B-9 基本数学函数

函数名	功　能	函数名	功　能
sin	正弦函数	exp	指数函数
asin	反正弦函数	log	自然对数函数
cos	余弦函数	log10	以 10 为底的对数函数
acos	反余弦函数	log2	以 2 为底的对数函数
tan	正切函数	sqrt	平方根函数
atan	反正切函数	abs	模函数
cot	余切函数	angle	相角函数
acot	反余切函数	conj	复共轭函数
sec	正割函数	imag	复矩阵虚部函数
asec	反正割函数	real	复矩阵实部函数
csc	余割函数	mod	（带符号）求余函数
acsc	反余割函数	rem	无符号求余函数
round	四舍五入函数	sign	符号函数

其他一些运算：

```
>> a =[1 15 2 0.5]
>> val = max(a)          %求最大值
val = 15
>> [val, idx] = max(a)   %求最大值,并返回最大值的索引
val = 15
idx = 2
>> a <= 1                %矩阵对应元素的逻辑运算
ans =
   1  0  0  1
>> find(a < 3)
ans =
```

```
 1   3   4
>> sum(a)              %计算之和
ans = 18.500
>> prod(a)             %计算乘积
ans = 15
>> floor(a)            %向下取整
ans =
 1  15  2  0
>> ceil(a)             %向上取整
ans =
 1  15  2  1
>> rand(3)             %生成一个随机矩阵,矩阵元素的值位
                       于 0-1 之间
ans =
  0.458095  0.323431  0.648822
  0.481643  0.789336  0.559604
  0.078219  0.710996  0.797278
>>flipud(eye(4))  % 矩阵按行上下对换
ans =
Permutation Matrix
  0  0  0  1
  0  0  1  0
  0  1  0  0
  1  0  0  0
```

3. Octave 符号计算

Octave 进行符号计算需要额外安装 Symbolic 库, Octave 语法与 MATLAB 语法非常接近, 可以很容易地将 MATLAB 程序移植到 Octave. 同时与 C++, QT 等接口较 MATLAB 更加方便.

完成安装后, 在命令窗口中输入 pkg load symbolic 加载 Symbolic 包, Symbolic 包加载完成后即可正常使用 Symbolic 包中的所有函数. 这些函数包括常见的计算机代数系统工具, 如代数运算、微积分、方程求解、傅里叶 (Fourier) 变换和拉普拉斯 (Laplace) 变换、可变精度算术和其他功能 (见表 B-9).

例 B.7 在 GUI 界面和 GLI 界面加载 Symbolic 库, 并进行符号运算.

GUI 界面:

```
>>pkg load symbolic
>>syms x
Symbolicpkg v2.9.0: Python communication link ac-
tive, SymPy v1.4.
>> limit(x,x,0)   %利用 help limit 了解求极限函数
ans = (sym) 0
```

GLI 界面：

```
octave:1>pkg load symbolic
octave:2>syms x
Symbolicpkg v2.9.0: Python communication link ac-
tive, SymPy v1.4.
octave:3> diff(x^2,x)   %利用 help diff 了解求导函数
ans = (sym) 2*x
```

4. Octave 绘图

Octave 通过调用另一个开源软件 GNUPLOT 来实现非常丰富的画图功能. 最基本的画图命令是 plot(x,y), 其中 x, y 分别为横轴和纵轴数据. 我们以绘制一个 sin 函数曲线和一个 cos 函数曲线为例, 来说明如何在 Octave 中绘图.

首先, 我们还是来定义数据：

```
>> t =[0:0.01:0.98];
>> y1 = sin(2*pi*4*t);
>> y2 = cos(2*pi*4*t);
```

这里的 t 看作是横轴, y1 看作是纵轴, 然后调用 plot 函数

```
>> plot(t, y1);
```

之后会立即在一个新窗口生成我们想要的图形(见图 B-3). 为了区分 sin 函数, 我们将 cos 函数的曲线用虚线标识, 属性设置可以通过 help plot 查看.

```
>> hold on;
>> plot(t,y2,':');
>>xlabel('time');          %指定 X 轴的名称
>>ylabel('value');         %指定 Y 轴的名称
>> legend('sin','cos');    %标识第一条曲线是 sin,
                              第二条曲线是 cos
>> title('sin and cos function');
                           %给图片附一个标题
```

最终，得到图形如图 B-4 所示.

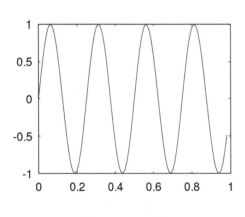

图 B-3　sin 函数　　　　　　　　　图 B-4　sin 和 cos 函数

不论何时，输入 close 命令，Octave 会关闭该绘图窗口.

```
>>figure(1);plot(t,y1);
>>figure(2);plot(t,y2);
```

这样就可以分别用两个窗口显示图像.

```
>>subplot(1,2,1);   %这样做是把窗口分成一个 1*2 的
                      格子,使用第一个格子
>>plot(t,y1);
>>subplot(1,2,2);
>>plot(t,y2);
```

5. Octave 程序设计

（1）控制语句

Octave 中 for，while，if 语句的使用方式和 C 语言一样.

1）if 语句

Octave 中 if 语句的一般用法是

```
if condition
then-body
endif
```

或者

```
if condition
  then-body
else
  else-body
endif
```

或者

```
if condition
    then-body
  elseif condition
    elseif-body
  else
    else-body
endif
```

其中 condition 如表 B-10 所示.

表 B-10　关系与逻辑运算表

符　号	意　义	例　子
==	等于	if x == y
~ =	不等于	if x ~ = y
<	小于	if x<y
>	大于	if x>y
<=	小于等于	if x< = y
>=	大于等于	if x> = y
&	逻辑与	if x == 1&y>2
|	逻辑或	if x == 1 | y>2
~	逻辑非	x ~ = y

2）switch 语句

switch 语句根据变量或表达式的取值不同，分别执行不同的语句. 格式为

```
switch x
    case x1
     statements
    casex2
     statements
    otherwise
     statements
end
```

3）for 语句

for 循环是编程语言中另一个常用的结构，可以方便地计算循环的迭代次数. 在 Octave 中应该多使用向量而不是 for 循环，因为通常 for 循环会慢很多. 然而有的时候 for 循环是不可避免的，该

语句的语法是

```
for variable =vector
    statements
end
```

例 B. 8　使用 for 语句编程.

```
>> for i=1:10
    V(i) = 2^i;
  end
>> V =
    2  4  8  16  32  64  128  256  512  1024
```

或者，我们也可以换一种写法：

```
>> indices = 1:10;
>> indices
indices =
    1  2  3  4  5  6  7  8  9  10
```

4）while 语句

如果不知道需要执行多少次循环，而是知道当某条件满足时结束循环. Octave 中的 while 语句能实现该功能. 该语句的语法是

```
while expression
  statements
end
```

例 B. 9　while 语句.

```
>> i = 1;
>> while i <= 5
    disp(V(i))
    i = i+1;
  end
 2
 4
 8
 16
 32
```

（2）函数

Octave 不仅含有大量的内置函数，还可以自定义函数 . Octave

中脚本文件和函数文件的扩展名都是 . m，在 GUI 界面单击"文件" |"新建" |"新建脚本"可以得到脚本文件，保存后单击运行即可；单击"文件" |"新建" |"新建函数"可以得到函数文件.

或者在编辑器页面输入命令保存为脚本文件或函数文件，函数文件必须遵循以下规则：

1）由 function 开头；

2）函数名必须与文件名相同；

3）在命令行窗口调用函数，调用函数时需要给输入变量赋值.

例 B. 10 建立函数文件求 x 的平方.

```
function y =squareNum(x)
 y = x^2;
```

在命令窗口调用函数文件，

```
>>squareNum(3)
ans = 9
```

函数的返回值是 y，函数的自变量是 x（这里只有一个返回值，可以有多个返回值），函数的主体是 y＝x^2. 在 Octave 中，函数可以返回多个值.

例 B. 11 建立函数文件，返回多个值.

```
function [y1, y2] =calVal(x)
 y1 = x^2;
 y2 = x^3;
```

在命令窗口调用函数文件，

```
>> [a, b] =calVal(3)
a = 9
b = 27
```

例 B. 12 if 语句.

```
functionisodd(x)
 if (rem (x, 2) == 0)
     printf ("x is even \n");
 elseif (rem (x, 3) == 0)
     printf ("x is odd and divisible by 3 \n");
 else
```

```
        printf ("x is odd \n");
 end
```

在命令窗口运行该函数，

```
>>isodd (3)
x is odd
>>isodd(4)
x is even
```

参 考 文 献

［1］ 天工在线. 中文版 MATLAB2020 从入门到精通：实战案例版［M］. 北京：中国水利水电出版社，2020.

［2］ 张智丰，韩曙光. 数学软件与大学数学实验［M］. 北京：高等教育出版社，2013.

［3］ 占海明. MATLAB 数值计算实战［M］. 北京：机械工业出版社，2017.

［4］ 章栋恩，马玉兰，徐美萍，等. MATLAB 高等数学实验［M］. 北京：电子工业出版社，2008.

［5］ 陈恩水，王峰. 数学建模与实验［M］. 北京：科学出版社，2008.

［6］ 汪天飞，邹进，张军. 数学建模与数学实验［M］. 北京：科学出版社，2013.

［7］ 王宏洲，李学文，闫桂峰，等. 数学实验教程［M］. 北京：北京理工大学出版社，2019.

［8］ 刘二根，王广超，朱旭生. MATLAB 与数学实验［M］. 北京：国防工业出版社，2014.